太白陰經

《太白陰經》

李浴日◎選輯

中國兵學大系

【05】

欽定四庫全書提要

太白陰經八卷唐李筌撰筌里籍未詳惟集仙傳稱其仕至荊南節度副使仙州刺史著太白陰經又神仙感遇傳曰筌有將略作太白陰符十卷入山訪道不知所終太白陰符當即此書傳寫誤一字也考唐書藝文志宋史藝文志皆云太白陰經十卷而此本止八卷疑非完帙然核其篇目始於天地陰陽險阻終於雜占首尾完具又似無所闕佚殆後人傳寫有所合併故卷數不同歟兵家者流大抵以權謀相尚儒家者流又往往持論迂闊諱言軍旅蓋兩失之筌此書先言主有道德後言國有富強內外兼修可謂持平之論其人終於一郡

其術亦未有所試不比孫吳穰苴李靖諸人以將略表見於後世然杜佑通典兵類取通論二家一則李靖兵法一卽此經其攻城具篇則取爲攻城具守城具篇築城篇鑿濠篇弩臺篇烽燧臺篇馬鋪土河篇游奕地聽篇則取爲守拒法水攻具篇則取爲水戰具濟水具篇則取爲軍行渡水火攻具篇火戰具篇則取爲火兵其泉篇則取爲識水泉宴娛音樂篇則取爲聲感人是佑之採用此書與李靖之書無異其必有以取之矣靖之兵法宋時已殘闕舛謬阮逸所傳又亂以僞本筌此經至今猶存惟篇首陰陽總序及天地無陰陽篇有錄無書不知佚於何時今則無從校補矣

神機制敵太白陰經序 ○舊抄無此序張刻本有之今姑存以俟考

太古之時人不識其父蒙如嬰兒夏則居巢冬則居穴與鹿豕遊處聖人以神任四時合萬物於無形而神知之矣過此以往非神不足以見天地之心非心不足以知勝敗之術夫心術者上尊三皇成五帝賢人得之以伯四海王九州智人得之以守封疆挫衄敵愚人得之以傾宗社滅民族故君子得之固窮小人得之傾命是以兵家之所祕而不可妄傳否則殃及九族臣今所著太白陰經其奇謀詭道論心術則流於殘忍以爲不如此則兵不能振故藏諸名山石室閒承帝命欲備淸覽敢昧死以進

唐永泰四年秋河東節度使都虞候臣李筌譔

祕閣楷書臣羅士良謄
御書祗候臣張永和監
入內黃門臣朱永中監
入內內侍高班內品臣譚元吉監
入內內侍高班內班品臣趙承信監

進太白陰經表○張刻本無此表今依舊抄本

臣筌言太白陰經者記行師用兵之事也臣聞太白主兵爲大將軍陰主殺伐故用兵而法焉伏惟乾元大聖光天文武孝感皇帝陛下仁育羣生義征不惠遠方賓服罔有不庭雖武尚征伐而兵不可弭德貴柔遠而謀不可亡臣筌少室書生才非武職敢越樽俎輒述兵書起天無陰陽終兵家心術凡一百篇勒成十卷○舊抄本作六卷按六卷則止七十二篇與上百篇之語不相應唐宋藝文志並云十卷張刻本亦十卷此必書賈以抄本不全而妄改之也今校正號曰太白陰經人謀籌策攻城器械屯田戰馬營壘陣圖括囊無遺秋毫必錄其陰陽天道風雲向背雖遠人事亦存而不忘小及錐刀大至城壘智周乎萬物而道濟乎三軍轅門有之雖桴鼓之吏厮養

之卒亦可爲萬人之將言無文飾理探玄微十載修成四方兵起識者以爲濟時之用 臣 自風塵悖亂牧[redacted]邊陲兵行天機戰伐常勝雖坐偏裨之職未展縱橫之謀挾經懷憤辜負

聖化職守有限不及蹈舞闕庭謹附表并經以聞 臣 筌誠惶誠恐頓首頓首謹言

乾元二年四月二十八日正議大夫持節幽州軍州事幽州刺史并本州防禦使上柱國 臣 李筌上表

夫太白陰經者有唐少室書生李筌常遊名山採奇術於嵩山虎口岩石壁中得黃帝陰符經遇驪山老姥指明秘要洞究深微撰爲兵書名曰太白陰經上宣天機以爲將家之軌則也

神機制敵太白陰經目錄

神機制敵太白陰經卷一

守山閣叢書　子部

唐李筌撰　金山錢熙祚錫之校

人謀上

天無陰陽篇第一

經曰天圓地方本乎陰陽陰陽既形逆之則敗順之則成蓋敬授農時非用兵也夫天地不爲萬物所有萬物因天地而有之陰陽不爲萬物所生萬物因陰陽而生之天地不仁以萬物爲芻狗陰陽之於萬物有何情哉夫火之性自炎不爲焦灼萬物而生其炎水之性自濡不爲漂蕩萬物而生其濡水火者一其性而萬物遇之自有差殊陰陽者一其性而萬物遇之自有榮枯若水火有情能浮石沉木堅金流土則知

陰陽不能勝敗存亡吉凶善惡明矣夫春風東來草木甲坼而積廩之粟不萌秋天肅霜百卉具腓而蒙蔽之草不傷陰陽寒暑爲人謀所變人謀成敗豈陰陽所變之哉昔王莽徵天下善韜鈐者六十三家悉備補軍吏及昆陽之敗會大雷風至屋瓦皆飛雨下如注當此之時豈三門不發〇張刻本作嚴五將不具耶亭亭白姦錯太歲月建誤殆至如此古有張伯松者值亂出居營内爲賊所逼營中豪傑皆遣伯松曰今日反吟不可出奔俄而賊至伯松被殺妻子被虜財物被掠桓譚新論曰至愚之人解避惡時不解避惡事則陰陽之於人有何情哉太公曰任賢使能不時日而事利明法審令不卜筮而事吉貴功賞勞不禳祀而得福無厚德而占日月之數不

識敵之强弱而幸於天時無智無慮而候於風雲小勇小力而望於天福怯不能擊而恃龜筮士卒不勇而恃鬼神設伏不巧而任向背凡天道鬼神視之不見聽之不聞索之不得指虛無之狀不可以決勝負不可以制生死故明將弗法而衆將不能已也孫武曰明王聖主賢臣良將所以動而勝人成功出于衆者先知也先知不可取於鬼神不可求象於事不可驗之於度必求于人人吳子曰○舊抄本脫此三字依張刻本補料敵有不卜而戰者先知也范蠡曰天時不作弗爲人事不作弗始天時爲敵國有水旱災害蟲蝗霜雹荒亂之天時非孤虛向背之天時也太公曰聖人之所生也欲正後世故爲譎書而寄勝於天道無益於兵也夫如是則天道於兵有何陰陽

哉

地無險阻篇第二

經曰地利者兵之助猶天時不可恃也昔三苗氏左洞庭右彭蠡德義不修禹滅之夏桀之居左河濟右太華伊闕在其南羊腸在其北修政不仁湯放之殷紂之國左孟門右太行常山在其北太河經其南荒淫怠政武王殺之秦之地左崤函右汧隴終南太華居其前九原上郡居其後刑政苛酷子嬰迎降於軹道姚泓面縛於灞上吳之居五嶺在其南三江在其北左滄浪右衡山刑政不修吳王終於歸命陳主卒於長城蜀之分左巫峽右邛棘南有瀘溪之障北有劍閣之險時無英雄劉禪不能守李勢不能固由此言之天時不能祐

無道之主地利不能濟亂亡之國地之險易因人而險因人而易無險無不險無易無不易存亡在於德戰守在於地惟聖主智將能守之地奚有險易哉

人無勇怯篇第三

經曰勇怯有性强弱有地秦人勁晉人剛吳人怯蜀人懦楚人輕齊人多詐越人澆薄海岱之人壯崆峒之人武燕趙之人銳涼隴之人勇韓魏之人厚地勢所生人氣所受勇怯然也且勇怯在謀强弱在勢謀能勢成則怯者勇謀奪勢失則勇者怯旣言秦人勁申屠之子敗於崤關杜洪之將北於溵水則秦人何得而稱勁吳人怯吳王夫差兵無敵於天下敗齊於艾陵長晉於黃池則吳人何得而稱怯蜀人懦諸葛孔

明攝巴蜀之衆窺兵中原身爲殭尸而威加魏將則蜀人何得而稱懦楚人輕項羽破秦虜王離殺蘇角威加海內諸侯俯伏莫敢窺覘則楚人何得而稱輕齊人多詐田橫感五百死士東奔海島及橫死同日而伏劍則齊人何得而稱詐越人澆薄越王勾踐以殘亡之國恤孤老之衆九年滅吳以弱攻強以小取大則越人何得而稱澆薄燕趙之人銳蚩尤敗於涿鹿燕丹死於易水王濬縛於薊門公孫戮於上谷則燕趙之人何得而稱銳涼隴之人勇○文瀾閣本無此五字張刻本連上句云則燕趙涼隴亦未必勇且銳也按舊抄本此下空三十餘格蓋原書殘缺傳寫者遂以意刪改之所以勇怯在乎法成敗在乎智怯人使之以刑則勇勇人使之以賞則死能移人之性變人之心者在刑賞之間勇之與怯於人何有哉

主有道德篇第四

經曰古者三皇得道之統立於中央神與化遊○化原作天依張刻本改此用淮南原道訓語以撫四方天下無所歸其功五帝則天法地有言有令而天下太平君臣相讓其功道德廢王者出而尚仁義仁義廢伯者出而尚智力智力廢戰國出而尚譎詐聖人知道不足以理則用法法不足以理則用術術不足以理則用權權不足以理則用勢勢用則大兼小強吞弱周建一千八百諸侯其後并爲六國六國連兵結難戰爭方起六國之君非疏道德而親權勢權勢用不得不親道德廢不得不疏其理然也唯聖人能反始復本以正理國以奇用兵以無事理天下正者名法也奇者權術也以名法理國則萬物不能亂

以權術用兵則天下不能敵以無事理天下則萬物不能。此（此上二十三字原缺依文淵閣本補）撓不撓則神清神清者智之原智者心之府。（文淵閣本智下有平字）神清智平乃能形物之情人主知萬物之情裁而用之則君子小人不失其位夫德厚而位卑者謂之過德薄而位尊者謂之失寧過於君子無失於小人過於君子則人闕其理失於小人則物罹其殃故曰人不鑑於流水而鑑於止水以其清且平也人主之道清平則任人不失其才六官各守其職四封之內百姓之事任之於相四封之外敵國之事任之於將語曰將相明國無兵舜以干戚而服有苗魯以頹宮而來淮夷以道勝者帝以德勝者王以謀勝者伯以力勝者强强兵滅伯兵絕帝王之兵前無敵人主之道

信其然矣

國有富強篇第五

經曰國之所以富強者審權以操柄審數以御人課農者術之事而富在粟謀戰者權之事而強在兵故曰興兵而伐叛則武爵任武爵任則兵強按兵而勸農桑農桑勸則國富國不法地不足以成其富兵不法謀不足以成其強古者聖人法天而皇賢君法地而帝智主法人而伯乘天之時因地之利用人之力乃可富強乘天之時者春植穀秋植麥夏長成冬備藏因地之利者國有沃野之饒而人不足於食者器用不備也國有山海之利而人不足於財者商旅不備也通四方之珍異以有易無謂之商旅飭力以長地之財用貨軍實

謂之農夫理絲麻以成衣服謂之女功雲夢之毛羽黔溪之丹砂荊揚之皮革角骨江衡之柟梓會稽之竹箭燕齊之魚鹽旃裘兗豫之漆枲絺紵鄭之刀宋之斤魯之削吳之劍燕之角荊之幹汾胡之笴吳越之金錫此地之財也燕之涿鹿趙之邯鄲魏之溫軹韓之滎陽齊之臨淄陳之宛邱鄭之陽翟洛川之二周越之具區楚之雲夢齊之鉅鹿宋之孟豬此地之良也。文瀾閣本此下有共居其地四字非有災害疾病而貧者非情則奢世無奇業而獨富貴者非儉則力同列而相臣妾者貧富使然也同貫。文瀾閣本作貴而相兼并者強弱使然也同地而或強或弱者理亂使然也苟有道理地足容身事可致也苟有市井交易所通貨財可積也夫有容身之地智者不言弱有市井之利智者不言貧地誠任不患無財人誠用不畏强禦故神農教耕而王天下湯武戰伐而服諸侯國愚則智可以强國國智則力可以强人用智者可以强於內而富於外用力者可以富於內而强於外○原脫用力者可以五字據刻本有以下文攷之正合是以漢武帝南平百粤以爲園圃却羌胡以爲苑囿珍怪異物充於後宮騊駼駃騠實於外廐匹庶乘堅良人間厭柑橘此謂智强於內而富於外秦孝公行墾草之令使商不得糴農不得糶廢逆旅禁山澤貴酒肉之價重關市之賦使農佚而商勞行之數年而倉庾實人知禮義至於始皇以爲之資東向而并吞諸侯此爲力富於內而强於外也故知伯王之業非智不職非農不贍過此以往而致富强者未之有也

賢有遇時篇第六

經曰賢人之生於世無籍地無貴宗無奇狀無智勇或賢或愚乍醉乍醒不可以事迹求不可以人物得其得之者在明君之心道合而志同信符而言順如覆水於地先流其濕如燎火於原先就其燥故伊尹有莘之耕夫夏癸之酒保湯得之於鼎飪之閒升陑而放桀太公朝歌之鼓刀棘津之賣漿周得之於垂綸之下殺紂而立武庚伍員被髮徒跣挾弓矢乞食於吳闔閭向風而高其義下階迎之三日與語無復疑者范蠡生於五戶之墟爲童時內視若盲反聽若聾時人謂之至狂大夫種來觀而知其賢扣門請謁相與歸於地戶管夷吾束縛於魯齊桓任之以相百里奚自鬻於虞秦穆任之

以政韓信南鄭之亡卒淮陰之怯夫漢高歸之以謀故曰明君之心如明鑑如澄泉圓明於中形物於外則使賢任能不失其時若非心之見非智之知因人之視借人之聽其猶眩耄叟以黼黻聒聾夫以韶濩玄黃宮徵無貫於心欲求得人而幸其伯末之有也故五帝得其道而興三王失其道而廢廢興之道在人主之心得賢之用非在兵強地廣人殷國富也

將有智謀篇第七

經曰太古之初有栢皇氏至於容成氏不令而人自化不罰而人自齊不賞而人自勸不知怒不知喜俞然若赤子庖犧氏神農氏教而不誅軒轅氏陶唐氏有虞氏誅而不怨盇三

皇之政以道五帝之政以德夏商衰湯武廢道德任智謀○（此處似有脫誤張刻本云夏商周室弱春秋戰國廢道德任智謀亦以意改）秦任商鞅李斯之智而并諸侯漢任張良陳平之智而滅項籍光武任寇恂馮異之智而降樊崇曹公任許攸曹仁之智而破袁紹孫權任周瑜魯肅之智而敗魏武劉備任諸葛亮之智而王西蜀晉任杜預王濬之智而平吳苻堅任王猛之智而定八表之衆石勒任張賓之智而生擒王浚拓拔任崔浩之智而保河朔之師宇文任李穆之智而挫高歡之銳梁任王僧辨之智而戮侯景隋任高熲之智而面縛陳主太宗任李靖之智而敗頡利可汗有國家者未有不任智謀而成王業也故曰將軍之事以靜正理以神察微以智役物見福於重關之內慮患於杳

冥之外者將之智謀也

術有陰謀篇第八

經曰古之善用兵者必量天下之權而研諸侯之慮量權不審不知輕重強弱之稱揣情不審不知隱匿變化之動靜。張刻本無靜字量莫難於周知揣莫難於悉舉事莫難於必成此三者聖人能任之故兵有百戰百勝之術非善之善者也不如不戰而屈人之兵善之善者也夫太上用計謀其次用人事其下用戰伐用計謀者熒惑敵國之主陰移諂臣以事佐之惑以巫覡使其尊鬼事神重其彩色文繡使賤其菽粟令空其倉庾遺之美好使熒其志。文淵閣本此下有蕩其心三字遺之巧匠使起宮室高臺以竭其財役其力易其性使化改淫俗。文淵閣本作亂奢暴驕恣賢臣結舌莫肯匡助濫賞淫刑任其喜怒政令不行信卜祠鬼逆忠進諂。文淵閣本逆作退請謁公行而無聖人之政愛而與官無功而爵未勞而賞喜則赦罪怒則肆殺法居而自順令出而不行信蓍龜卜筮鬼神禱祠讒佞奇技。此四字文淵閣本作讒諂諛佞奇技貨財亂行於門戶其所謂是者皆非非者皆是離君臣之際塞忠諫之路然後淫之以色攻之以利娛之以樂養之以味以信為欺以欺為信以忠為叛以叛為忠忠諫者死諂佞者賞令君子在野小人在位急令暴刑人不堪命所謂未戰以陰謀傾之其國已破矣以兵從之其君可虜其國可隳其城可拔其衆可潰故湯用此而桀放周用此而紂殺越用此而吳國墟楚用此而陳蔡舉三家用此而魯國弱韓魏用此而東周分儒生之言皆曰兵强大者必勝小弱者必亡是則小國之君無伯王之業萬乘之主無破亡之兆昔夏廣而湯狹殷大而周小越弱而吳强所謂不戰而勝者陰傾之術夜行之道文武之教聖人昭然獨見忻然獨樂其在茲乎

數有探心篇第九○張刻本數作智

經曰古者鄰國烽煙相望雞犬相聞而足跡不接於諸侯之境車軌不結於千里之外以道存生以德安形人樂其居後世澆風起而淳朴散權智用而譎詐生鄰國往來用間諜縱橫之事用騶括之人矣徐守仁義社稷邱墟魯尊儒墨宗廟泯滅非達奧知微不能禦敵不勞心苦思不能原事不悉見

情偽不能成名樹智不明不能用兵忠實不眞○（張刻本眞作明文淵閣本作忠直不伸）不能知人是以鬼谷先生述捭闔揣摩飛箝抵巇之篇以教蘇秦張儀遊說於六國而探諸侯之心於是術行焉夫用探心之術者先以道德仁義禮樂忠信詩書經傳子史謀略成敗渾而雜說包而羅之澄其心靜其志伺人之情有所愛惡去就從欲而攻之陰慮陽發此虛言而往彼實心而來因其心察其容聽其聲考其辭言不合者反而求之其應必出既得其心反射其意符應不失契合無二膠而漆之無使反覆如養由之操弓逢蒙之挾矢百發無不中正猶設罝罘以羅魚兔張其會殺其腰脇其虛必衝綱而掛目亦奚有孑遺哉夫探仁人之心必以信勿以財探勇士之心必以

義勿以懼探智士之心必以忠勿以欺探愚人之心必以蔽
勿以明探不肖之心必以懼勿以常探好財之心必以賄勿
以廉夫與智者言依於博智有涯而博無涯則智不可以測
博與博者言依於辨博師古而辨應今則博不可以應辨與
貴者言依於勢貴位高而勢制高則位不可以禁勢與富者
言依於物富積財而物可寶則財不足以易寶與貧者言依
於利貧匱之而利豐贍則乏之不可以贍豐與賤者言依於謙
賤人下而謙降下則賤不可以語謙與勇者言依於敢勇不
懼而敢剛毅則勇不可以懾剛與愚者言○已上二十一字原缺依文淵閣本補
依於銳愚質朴而銳聰明則朴不可以察聰此八者皆本
同其道而末異其表同其道人所欲聽異其表聽而不曉如

此則不測淺不測深吾得出無間入無朕獨往而獨來或縱而或橫如偃枯草使東而東使西而西如引停水決之則流壅之則止謀何患乎不從哉夫道貴制人不貴制於人制人者握權制於人者遵命也制人之術避人之長攻人之短見己之所長蔽己之所短故獸之動必先爪牙禽之動必先觜距螫蟲之動必以毒介蟲之動必以甲夫鳥獸蟲豸尚用所長以制物況其智者乎夫人好說道德者必以仁義折之好言儒墨者必以縱橫禦之好談法律者必以權術挫之必乘其始合其終摧其牙落其角無使出吾之右徐以慶弔之言憂喜其心使其神不得爲心之主長生安樂富貴尊榮聲色喜說慶言也死亡憂患貧賤苦辱刑戮誅罰弔言也與貴者

談言弔則悲與賤者談言慶則悅將其心迎其意或慶或弔以惑其志。（本惑作感）（文闕闕）情變於內者形變於外常以所見而觀其所隱所謂測隱探心之術也雖有先王之道聖智之術而無此者不足以成伯王之業也

政有誅強篇第十

經曰夫國有亂軍者士卒怯弱器械柔鈍政令不一賞罰不明不預爲所謂亂軍者豪家權臣閹寺嬖昵爲之軍吏權軍之勢擅將之威公政私行私門公謁上發謀下沮議上申令下不行猛如虎很如狼強不可制者皆謂之亂軍各宜誅之文宣誅少正卯於兩觀而齊國清田穰苴斬莊賈於表下而軍容肅魏絳戮楊干而諸侯服項籍斬宋義而天下怖夫誅

豪者益其威戮强者增其權威權生於豪强之身而不在於
士卒之廝豪强有兼才者則駕而御之教而導之如畜鷙鳥
如養猛虎必節其飢渴翦其爪牙紲其足猰其舌呼之而隨
嗾之而走牢籠其心使馴吾之左右豪强無兼才者則長其
惡積其凶縱其心橫其志禍盈於三軍怨結於萬人然後誅
之以壯吾氣故曰不善人者善人之資爲將帥者國之師不
誅豪强何以成三軍之威哉

神機制敵太白陰經卷一終

人謀下

善師篇第十一

經曰兵非道德仁義者雖伯有天下君子不取周德既衰諸侯自作禮樂專征伐始於魯隱公齊以技擊强魏以武卒奮秦以銳士勝說者以孫吳爲宗唯荀卿明於王道而非之謂齊之技擊是亡國之兵魏之武卒是危國之兵（此二句原缺依文淵本補）秦之銳士是干賞蹈利之兵至於齊桓晉文之師可謂入其域而有節制矣故齊之技擊不可遇魏之武卒魏之武卒不可敵秦之銳士秦之銳士不可當桓文之節制桓文之節制不可當湯武之仁義故曰善師者不陣善陣者不戰善戰

者不敗善敗者不亡黃帝獨立於中央而勝四帝所謂善師者不陣也湯武征伐陳師誓衆放桀擒紂所謂善陣者不戰也齊桓南服強楚（原脫桓南二字依文瀾閣本補南服强楚與下北伐山戎爲對文）使貢周室北伐山戎爲燕開路所謂善戰者不敗也楚昭王遭闔閭之禍國滅出亡父兄相與奔秦請救秦人出兵楚王反國所謂善敗者不亡也凡兵所以存亡繼絕救亂除害故伊呂之將子孫有國與殷周並下至末代苟任詐力貪殘孫吳韓白之徒皆身被誅戮子孫不傳於嗣蓋兵者凶器戰者危事陰謀逆德好用凶器非道德忠信不能以兵定天下之災除兆民之害也

貴和篇第十二

經曰先王之道以和爲貴貴和重人不尙戰也春秋左氏傳曰君若以德綏諸侯誰敢不服君若以力楚國方城以爲城漢水以爲池雖軍之衆無所用也是故晉悼公使魏絳和戎以正諸華八年之間九合諸侯如樂之和無所不諧羌戎亦歸晉惠公內不侵不叛之臣於是有殽之師譬如捕鹿晉人角之戎人掎之夫有道之主能以德服人有仁之主能以義和人有智之主能以謀勝人有權之主能以勢制人見勝易知勝難。文淵閣本作戰勝易知勝難語曰先王耀德不觀兵兵戢而時動動則威觀則玩玩則無震故有衣冠之會未嘗有歃血之盟有革車之會未嘗有戰陣之事兵者不祥之器不得已而用之古先帝王所以舉而勝人成功出於衆者先文德以懷之懷之不服飾玉帛以啗之啗之不來然後命上將練軍馬銳甲兵攻其無備出其不意所謂叛而必討服而必柔既懷既柔可以示德書曰戒之用休董之用威夫如是則四夷不足吞八戎不足庭也

廟勝篇第十三

經曰天貴持盈不失陰陽四時之綱紀地貴定傾不失生長均平之上宜人貴節事調和陰陽布告時令事來應之物來知之天下盡其忠信從其政令故曰天道無災不可先來地道無殃不可先倡人事無失不可先伐四時相乘水旱愆和冬雷夏霜飛蟲食苗天災也山崩川涸土不稼穡水不潤下五果不樹八穀不成地殃也重賦苛政高臺深池興役過差

縱酒荒色遠忠昵佞窮兵黷武人失也上見天災下覩地殃傍觀人失兵不法天不可動師不則地不可行征伐不和於人不可成天贊其時地資其財人定其謀靜見其陽動察其陰先觀其迹後知其心所謂勝兵者先勝而後求戰敗兵者先戰而後求勝故曰未戰而廟算勝者得算多矣未戰而廟算不勝者得算少矣多算勝少算不勝而況於無算乎以此觀之勝負見矣

沉謀篇第十四

經曰善用兵者非信義不立非陰陽不勝非奇正不列非詭譎不戰謀藏於心事見於迹心與迹同者敗心與迹異者勝兵者詭道也能而示之不能用而示之不用心謀大迹示小

心謀取迹示與惑其眞疑其詐眞詐不決則強弱不分湛然若立元之無象淵然若滄海之不測如此則陰陽不能算鬼神不能知術數不能窮卜筮不能占而況於將乎夫善戰者勝敗生於兩陣之間其謀也策不足驗其勝也形不足覩能言而不能行者國之害能行而不能言者國之用故曰至謀不說大兵不言微乎神乎故能通天地之理備萬物之情是故貪者利之使其難厭強者卑之使其驕矜親者離之使其攜貳難厭則公正闕驕矜則虞守虧攜貳則謀臣去周文利殷（○原作離商依張刻本改）而商紂殺勾踐卑吳而夫差戮漢高離楚而項羽亡是故屈諸侯者以言役諸侯者以策夫善兵者攻其愛敵必從擣其虛敵必隨多其方敵必分疑其事敵必備從

隨不得城守分備不得併兵則我佚而敵勞敵寡而我衆夫以佚擊勞者武之順以勞擊佚者武之逆以衆擊寡者武之勝以寡擊衆者武之敗能以衆擊寡以佚擊勞吾所以得全勝矣夫竭三軍氣奪一將心疲萬人力斷千里糧不在武夫行陣之勢而在智士權算之中弱兮柔兮卷之不盈懷袖沉兮密兮舒之可經寰海五寸之鍵能制闔闢方寸之心能易成敗智周萬物而不殆曲成萬物而不遺順天信人察始知終則謀何慮乎不從哉

子卒篇第十五

經曰古者用人之力歲不過三日籍斂不過什一公劉好貨居者有積倉行者有裹糧太王好色內無怨女外無曠夫文

王作刑國無冤獄武王行師士樂其死古之善率人者未有不得其心而得其力者也未有不得其力而得其死者也故國必有禮信親愛之義然後人以飢易飽國必有孝慈廉恥之俗然後人以死易生人所以守戰至死不衰者上之所施者厚也上施厚則人報之亦厚且士卒之於將非有骨肉之親使冒鋒鏑突干刃死不旋踵者以恩信養之禮恕導之小惠漸之如慈父育愛子也故能救其阽危拯其塗炭卑身下士齊勉甘苦親臨疾病寒不衣裘暑不操扇登不乘馬。張刻本登作出雨不張蓋軍幕未辦將不言坐軍井未通將不言渴妻子補綻於行間身自分功於役作簞醪之饋必投於河挾纊之言必巡於軍是以人喜金鐸之聲勇鼓鼙之氣者非惡生而樂死思欲致命而報之於將也故曰視卒如嬰兒故可與之赴深溪視卒如愛子故可與之俱死厚而不能使愛而不能令亂而不能理譬如驕子不可用也是故令之以文齊之以武是謂必取語曰夫妻諸可以攻齊小夫怒可以攻魯王翦李牧吳起田穰苴竟如此而兵強於諸侯也

選士篇第十六

經曰統六軍之衆將百萬之師而無選鋒渾而雜用則智者無所施其謀辨者無所施其說勇者無所奮其敢力者無所著其壯無異獨行中原亦何所取於勝負哉故孫子曰兵無選鋒曰北夫選士以賞賞得其進用士以刑刑愼其退古之善選士者懸賞於中軍之門有深沉謀慮出入之表者以上

賞而取之名曰智能之士有辭縱理橫飛箝捭闔能移人之性奪人之心者以上賞而禮之名曰辯說之士有得敵國君臣間閻請謁之情性者以上賞而禮之名曰間諜之士有知山川水草次舍道路迂直者以上賞而禮之名曰鄉導之士。文瀾閣本云有因隙制宜簡要便密使敵眩惑而相疑嫉以入我機穽者以上賞而禮之名曰間諜之士有得敵國君臣門閭請謁之情性者以上賞而禮之名曰鄉導之士文與此大異有制造五兵攻守利器奇變詭譎者以上賞得而厚之名曰技巧之士有引五石之弓矢貫重札戈矛劍戟便於利用陸搏犀兕水攫黿鼉佻身捕虜搴旗摭鼓者以上賞得而撫之名曰猛毅之士有立乘奔馬左右超忽踰越城堡出入廬舍。張刻本作營壘而亡形迹者上賞得而聚之名曰蹻捷之士有往返三百里不及夕者上賞得而聚之名曰疾足之士有力負六百三十斤行五十步者上賞得而聚之或二百四十斤者次賞得而聚之名曰巨力之士有步五行運三式多言天道陰陽詭譎者下賞得而存之名曰技術之士夫十士之用必盡其才任其道計謀使智能之士談說使辯說之士離親間疏使間諜之士深入諸侯之境使鄉導之士建造五兵使技巧之士摧鋒捕虜守危攻强使猛毅之士掩襲侵掠使蹻捷之士探報計期使疾足之士破堅陷剛使巨力之士誑愚惑癡使技術之士此謂任才之道選士之術也三王之后五伯之辟得其道而興失其道而亡興亡之道不在人主聰明文思在乎選能之當其才也

勵士篇第十七

經曰激人之心勵士之氣發號施令使人樂聞興師動衆使人樂戰交兵接刃使人樂死其在以戰勸戰以賞勸賞以士勵士木石無心猶可危而動安而靜況於勵士乎古先帝王伯有天下戰勝於外班師校功集衆於中軍之門上功賜以金璋紫綬錫以錦綵衣以繡帛。原脫衣以二字據文淵閣本補張本同坐以重裀享以太牢飲以醇酒父母妻子皆賜紋綾坐以重席上。二十字原脫據文淵閣本補張本同享以少牢。文淵閣本作太牢張本同飲以酎酒大將軍捧觴偏將軍捧觴大將軍令於衆曰戰士某乙等奮不顧身功超百萬斬元戎之首搴大將之旗功高於衆故賞上賞子孫後嗣長稱卿大夫之家父母妻子皆受重賞牢席有差衆士咸知次功賞以銀璋朱綬紋綫之衣坐以重席享以少牢飲以酎酒父母妻子贈以繒帛坐以單席享以雞豚飲以醲酒偏將軍捧賜子將軍捧觴大將軍令於衆曰戰士某乙等勇冠三軍功經百戰斬驍雄之首搴虎豹之旗功出於人賜以次賞子孫後嗣長爲勳給之家父母妻子皆受榮賞牢席有差衆士咸知下功賞以布帛之衣坐以單席享以雞豚飲以醲酒父母妻子立而無賞坐而無席子將軍捧賜卒捧觴大將軍令於衆曰戰士某乙等戮力行間劬勞歲月雖無搴旗斬將實以跋涉疆場賜以下賞子孫後嗣無所庇諸父母妻子不及坐享衆士咸知令畢命上功起再拜大將軍讓曰某乙等忝列王臣敢不盡節有愧無功叨受上賞大將

軍避席曰某乙等不德謬居師長賴爾之功梟懸凶逆盛績美事某乙等無專善退而復坐命次功再拜上功上功曰某乙等無謀無勇遵師長之命有進死之榮無退生之辱身受殊賞上光父母下及妻子子其勉旃退而復坐命下功再拜次功次功坐受曰某乙等少猛寡毅遵師長之命决勝負於一時身受次賞上光父母下及妻子子其勉旃下功退而復坐夫如是勵之一會則鄉勉黨里勉鄰父勉子妻勉夫二會則縣勉州師勉友三會則行路相勉閭金革之聲相踐而出鄰無敵國邑無堅城何患乎不勉哉○張刻本此勉字作勇

刑賞篇第十八

經曰有虞氏畫衣冠異章服以州輔牧○文瀾閣本作以刑輔繆以下文攷之

當是而奸不犯其人醇湯武鑿五刑傷四肢以繆輔刑而奸不止其人淫有虞非仁也湯武非暴也其道異者時也古之善治者不賞仁賞仁則爭爲施而國亂不賞智賞智則爭爲謀而政亂不賞忠賞忠則爭爲直而君亂不賞能賞能則爭爲功而事亂不賞勇賞勇則爭爲先而陣亂夫蒞衆以仁權謀以智事君以忠制物以能臨敵以勇此五者士之常賞其常則致爭致爭則政亂政亂則非刑不治故賞者忠信之薄而亂之所由生刑者忠信之戒而禁之所由成刑多而賞少則無刑賞多而刑少則無賞刑過則無善賞過則多奸王者以刑禁以賞勸求過而不求善而人自爲善賞文也刑武也文武者軍之法國之柄明主首出庶物順時以撫四方執法而

操柄據罪而制刑按功而設賞賞一功而千萬人悅刑一罪而千萬人慎賞無私功刑無私罪是謂軍國之法生殺之柄故曰能生而能殺國必强能生而不能殺國必亡能生死而能赦殺者上也刑賞之術無私常公於世以爲道其道也非自立於堯舜之時非自逃於桀紂之朝用得之而天下治用失之而天下亂治亂之道在於刑賞不在於人君過此以往雖彌綸宇宙纏絡萬品生殺之外聖人錯而不言

地勢篇第十九

經曰善戰者以地强以勢勝如轉圓石於千仞之谿者地勢然也千仞者險之地圓石者轉之勢也地無千仞而有圓石置之窳塘之中則不能復轉地有千仞而無圓石投之方稜

偏區則不能復移地不因險不能轉圜石石不因圓不能赴深谿故曰兵因地而强地因兵而固夫善用兵者高邱勿向背邱勿迎負陰抱陽養生處實則兵無百病是故諸侯自戰於地名曰散地入人之境不深名曰輕地彼此皆利名曰爭地彼我可往名曰交地三屬諸侯之國名曰衢地深入背人城邑名曰重地山林沮澤險阻名曰圮地出入迂隘彼寡可以擊吾衆名曰圍地（圍原作貪下同依張刻本改與孫武子九地篇合）疾戰則存不戰則亡名曰死地故散地無戰輕地無留爭地無攻交地無絕衢地無合重地則掠圮地則行圍地則謀死地則戰是故城有所不攻計不合也地有所不爭未見利也君命有所不聽不便事也凡地之勢三軍之權良將行之智將遵之而旅

將非之欲幸全勝飛竈舞蛇未之有也

兵形篇第二十

經曰夫兵之興也有形有神旗幟金革依於形智謀計事依於神戰勝攻取形之事而用在神虛實變化神之功而用在形形粗而神細形無物而不鑑神無物而不察形誑而惑事其外神密而圓事其內觀其形不見其神見其神不見其事以是參之曳柴揚塵形其衆也滅竈滅火形其寡也勇而無剛當敵而速去之形其退也斥山澤之險無所不至形其進也油幕冠樹形其强也偃旗卧鼓寂若無人形其弱也故曰兵形象陶人之埏土鳧氏之冶金爲方爲圓或鐘或鼎金土無常性因工以立名戰陣無常勢因敵以爲形故兵之極至

於無形無形則間諜不能窺智略不能謀因形而措勝於衆衆不能知人皆知我所以勝之形莫知吾所以制勝之形形不因神不能爲變化神不因敵不能爲智謀故水因地而制形兵因敵而制勝也

作戰篇第二十一

經曰昔之善戰者如轉木石木石之性圓則行方則止行者非能行而勢不得不行止者非能止而勢不得不止夫戰人者自鬬於其地則散投之於死地則戰散者非能散勢不得不散戰者非能戰勢不得不戰行止不在於木石而制在於人散戰不在於人而制在於勢此因勢而戰人也夫未見利而戰雖衆必敗見利而戰雖寡必勝利者彼之所疑我之所

長也見利而起無利則止見利乘時帝王之資故曰時之至間不容息先之則太過後之則不及見利不失遭時不疑失利後時反受其害疾雷不及掩耳卒電不及瞚目赴之若驚用之若狂此因利之戰人也夫戰者左川澤右邱陵背高向下處生擊死此平地之戰人也逼敵無近於水彼知不免致死拒我困獸猶鬬蜂蠆有毒況於人乎令其半濟而擊之前者知免後者慕之蔑有鬬心敵逆水而來迎之於水內此水上之戰人也左右山陵谿谷險狹與敵相遇我則金鼓蔽山旗幟依林登高遠斥出沒人馬此山谷之戰人也勢利者兵之便山水平陸者戰之地夫善用兵者以便勝以地強以謀取此勢之戰人也如建瓴水於高宇之上砉然而無滯留又

如破竹數節之後迎刃自解無復著手

攻守篇第二十二

經曰地所以養人城所以守地戰所以守城內得愛焉所以攻。張刻本愛作人蓋以意改也司馬法云內得愛焉所以守也外得威焉所以戰也此下文亦攻守並舉疑內得愛焉之下有脫文守不足攻有餘力不足者守力有餘者攻攻人之法先絕其援使無外救料城中之粟計人日之費糧多人少攻而勿圍糧少人多圍而勿攻力未屈粟未盡城尙固而拔者攻之至力屈粟殫城壞而不拔者守之至也夫守城之法以城中壯男爲一軍壯女爲一軍男女老弱爲一軍三軍無使相遇壯男遇壯女則費力而姦生壯女遇老弱則老使壯悲弱使強憐悲憐在心則使勇人更慮壯夫不戰故曰善攻者

敵不知所守善守者敵不知所攻微乎微乎至於無形神乎神乎至於無聲故能爲敵之司命

行人篇第二十三

經曰君擇日登壇拜大將軍繕甲兵具卒乘出則破人之國敗人之軍殺人之將虜人之俘羸糧萬里行於敵人之境而不知敵人之情將之過也敵情不可求之於星辰不可求之於神鬼不可求之於卜筮而可求之於天（○天字似誤文闌閣本無此句）昔商之興也伊尹爲夏之庖人周之興也呂望爲殷之漁父秦之帝也李斯爲山東之獵夫漢之王也韓信爲楚之亡卒魏之伯也荀彧爲袁紹之棄臣晉之禪也賈充任魏魏之起也崔浩家晉故七君用之而帝天下夫賢人出奔必有佞臣

持君之衡是以失度佐有扈孤功專驩兜成均權三苗推移侫桀崇侯諂紂優旃惑晉故曰三仁去而殷墟二老歸而周熾子胥死而吳亡范蠡存而越伯五羖入而秦喜樂毅出而燕懼將能收敵國之人而任之以索其情戰何患乎不克故曰羅其英敵國傾羅其雄敵國空它山之石可以攻玉夫行人之用事有二一曰因敵國之人來覲覺於我我高其爵重其祿察其辭覆其事實則任之虛則誅之任之以鄉導二曰吾使行人觀敵國之君臣左右執事孰賢孰愚中外近人孰貪孰廉舍人謁者孰君子孰小人吾得其情因而隨之可就吾事夫三軍之重者莫重於行人三軍之密者莫密於行人行人之謀未發有漏者與告者皆死謀發之日削其藁焚其

草金其口木其舌無使內謀之泄若鷹隼之入重林無其蹤若遊魚之赴深潭無其跡離婁俛首不見其形師曠傾耳不聆其聲微乎微乎與纖塵俱飛豈飽食醉酒爭力輕合之將而得見行人之事哉

鑑才篇第二十四○張刻本鑑作擇

經曰人稟元氣所生陰陽所成淳和平淡元氣也聰明俊傑陰陽也淳和不知權變聰明不知至道夫人柔順安恕失於斷決可與循節難與權宜強悍剛猛失於猜忌可與涉難難與持守貞良畏慎失於狐疑可與樂成難與謀始清介廉潔失於局執可與立節難與通變韜晦沉靜失於遲回可與深慮難與應捷夫聰明秀出之謂英膽力過人之謂雄英者智

也雄者力也英不能果敢雄不能智謀故英得雄而行雄得英而成夫人有八性不同仁義忠信智勇貪愚仁者好施義者好親忠者好直信者好守智者好謀勇者好決貪者好取愚者好矜人君合於仁義則天下親合於忠信則四海賓合於智勇則諸侯臣合於貪愚則制於人仁義可以謀縱智勇可以謀橫縱成者王橫成者伯王伯之道不在兵强士勇之際而在仁義智勇之閒此亦偏才未足以言大將軍若夫能柔能剛能翕能張能英而有勇能雄而有謀圓而能轉環而無端智周乎萬物而道濟於天下此曰通才可以爲大將軍矣故曰將者國之輔輔周則國强輔隙則國弱是謂人之司命國家安危之主不可不察也明主所以擇人者閱其才通

而罰鑑其貌厚而貴察其心貞而明居高而遠望徐視而審聽神其形聚其精若山之高不可極若泉之深不可測然後審其賢愚以言辭擇其智勇以任事乃可任之也夫擇聖以道擇賢以德擇智以謀擇勇以力擇貪以利擇奸以隙擇愚以危事或同而觀其道或異而觀其德或權變而觀其謀或攻取而觀其勇或貨財而觀其利或擁鬭而觀其間或恐懼而觀其安危故曰欲求其來先察其往欲求其古先察其今先察而任者昌先任而察者亡昔市偷自鬻於晉晉察而用之勝楚伊尹自鬻於湯湯察而用之放桀智能之士不在遠近仁人不因困阨無以廣其德智士不因時棄無以舉其功王者不因絕亡無以立其義霸者不因強敵無以遺其患明

主任人不失其能直士舉賢不離於口無萬人之智者不可據於萬人之上故曰。（曰字原脫依文瀾閣本補。此下八句乃孫武子謀攻篇文）不知軍中之事而同軍中之政者則軍士惑矣不知三軍之權而同三軍之任者則軍士疑矣三軍既惑且疑則諸侯之難至矣夫如是則君不虛王臣不虛貴所謂君道知使臣臣術知事君者

神機制敵太白陰經卷二終

神機制敵太白陰經卷三

雜儀類

授鉞篇第二十五

經曰國有疆埸之役則天子居正殿命將軍詔之曰朕以不德謬承大運致寇敵侵擾攻掠邊陲日旰忘食憂在寤寐勞將軍之神武師師以應之將軍再拜受詔乃令太史卜齋三日於太廟拂龜太史擇日以授鉞君入太廟西面立親操鉞以授將軍曰從此以往上至於天將軍制之復操斧柄授將軍曰從此以往下至于泉將軍制之將軍既受命跪而荅曰臣聞國不可從外治軍不可從內御二心不可以事君疑志不可以應敵臣既受命專斧鉞之威臣不顧生還請君亦垂

一言之命於臣〇以六韜立將篇校之此下脫君不許臣句臣不敢將君許臣乃辭而行三軍之事不聞君命皆由於將將出臨敵決戰無有二心若此無天於上無地於下中無君命傍無敵人是故智者爲之慮勇者爲之鬬氣厲靑雲疾若馳騖兵不接刃而敵降伏戰勝於外功立於內於是將軍乃縞素避舍請於君君命捨之

部署篇第二十六

經曰兵有四正四奇總有八陣或合爲一或離爲八以正合以奇勝餘奇爲握奇聚散之勢節制之度也一萬二千五百人爲一軍一萬二千象十有二月五百象閏餘竊陰極陽備物成功征無義伐無道聖人得以興亂人得以廢興廢存亡

昏明之術皆由兵也司馬穰苴曰五人爲伍十伍爲部○原本誤作五五爲伍伍伍爲部以人數計之不合張刻本作二伍爲部亦以意改也以通典百四十八引穰苴兵法文校正部隊也一軍凡二百五十隊每十隊以三爲奇屈后曰餘奇握奇故一軍以三千七百五十人爲奇兵隊七十有五外餘八千七百五十人部隊一百七十五分爲八陣陣有一千九十三人七分五銖隊有二十二火人爲一陣之部署今舉一軍則千軍可知矣

將軍篇第二十七○張刻本此篇闕

經曰三軍之衆萬人之師張設輕重在於一人不可不察也一人大將軍智信仁勇嚴謹賢明者任二人副將軍智信仁勇嚴毅平直者任一人主軍糧一人主征馬四人總管嚴識

軍容者任二人主左右虞候二人主左右押衙八人子將明行陣辨金革曉部署者任八人大將軍別奏十六人大將軍傔傔從官吏。文瀾閣本此下有八人副大將別奏句一十六人總管傔八人子將別奏一十六人子將傔忠勇驍果孝義有藝能者任一人判官沉深謹密計事精敏者任懦鈍勿用一人軍正主軍令斬決罪隷及行軍禮儀祭祀賓客進止四人軍典謹厚明書算者任

陣將篇第二十八

經曰古者君立於陽大夫立於陰是以臣不得窺君下不得窺上則君臣上下之道隔矣夫智均不能相使力均不能相勝權均不能相懸。張刻本作援道同則不能相君勢同則不能相

王情同則不能相順情異則理情同則亂故大將以智裨將以勇以智使勇則何得而不從哉一人偏將軍勇猛果敢輕命好戰者任二人副偏將軍無謀於敵有死於力守成規而不失者任四人子將目明旌旗耳察金鼓心存號令宣布威德者任二人虞候擒奸摘伏深覘非常伺察動靜飛符走檄安忍好殺事任惟時者任二人承局差點均平更漏無失糾舉必中者任六人偏將軍別奏十二人偏將軍傔六人副偏將軍別奏十二人副偏將軍傔八人虞候兼充子虞候並忠勇驍果孝義藝能者任一人判官主倉糧財帛出納軍器刑書公平者任二人軍典明書記謹厚者任

隊將篇第二十九

經曰智者之使愚也聾其耳瞽其目迷其心任其力然後用其命如驅羣羊驅而往驅而來莫知所之與之登高去其梯入諸侯之境廢其梁役之以事勿告之以謀語之以利勿告之以害則士可以得其心而主其身如此則死生聚散聽之於我是謂良將一人隊將經軍陣習戰鬭識進止者任一人隊官一人隊頭二人副隊頭主文書酬功賞知勞苦明部分行列疎密並責成於副隊頭公直明曉者任一人秉旗二人副旗並勇壯者任一人抱鼓主昏明發警進退節制氣勇志銳者任一人吹角主收軍退陣謹守節制懦怯忠謹者任一人司兵主五兵銳利支分器仗明解者任一人司倉主支分財帛給付軍糧清廉者任一人承局主雜供差料無人情惡

口舌者任五人火長主廚膳飯食養病守火內衣資樵採戰陣不預仁義者任

馬將篇第三十

經曰夫戎馬必安其處所適其水草節其飢飽冬則溫廄夏則涼庌刻剔鬃毛謹落蹄甲狎其耳目無令驚悚習其驅馳閑其進止人馬相親然後可使鞍勒銜轡必先堅完斷絕必補凡馬不傷於末必傷於始不傷於飢必傷於飽日暮道遠必數上下寧勞於人慎無勞馬常令有餘備敵覆我能明此者可以橫行八表凡馬軍人支兩匹一軍征馬二萬五千匹其無馬者亦如五支令以兩匹爲率一人征馬副大將軍中擇善牧養者任二人征馬總管副偏將軍中擇善牧養者任

八人征馬子將軍軍中擇明閑牧養者任五十人征馬押官
定見軍中擇善牧養者任五百人羣頭善乘騎者任一云百
人羣頭騣亦羣頭中擇取一千人馬子軍外差又云五百人
馬子騣馬在內

鑑人篇第三十一

經曰凡人觀其外足知其內七竅者五臟之門戶九候三停
定一尺之面智愚勇怯形一寸之眼天倉金匱以別其貴賤
貧富夫欲任將先觀其貌後知其心神有餘法容貌堂堂精
爽清徹聲色不變其志榮枯不易其操是謂神有餘形有餘
法頭頂豐停腹肚濃厚鼻圓而直口方而稜頤頷相臨顴耳
高聳肉多而有餘○文瀾閣本作不餘骨粗而不露眉目明朗手足

紅鮮望下而就高比大而獨小是謂形有餘心有餘法遏惡揚善後已先人無疾人以自賢無危人以自安好施陰德常守忠信。文瀾閣本此下有不疾人之善不揚己之長二句豁達大度不拘小節是謂心有餘

鑑頭目鼻口舌齒法

虎頭高視富貴無比犀頭崒嵂富貴鬱鬱象頭高廣福祿居長鹿頭側長志氣雄强龜頭卻縮喉豐酒肉獺頭橫闊志氣豁達駝頭蒙鴻福祿千鍾蛇頭平薄財物零落駱頭尖銳貧厄無計兔頭茂頡志氣下劣狗頭尖圓泣淚漣漣眉直頭昂富貴吉昌眉薄而晞少信多欺髮欲細密鬚欲麤疏眼目光彩明淨者貴眼鼻成就者魂魄强美眉目指瓜者好施眼鼻

口小者多虛少實眼鼻口大者有實無虛眼中赤脈貫瞳子
者兵死雞眼捲頭不淫卽偷羊目直視能殺妻子猪目應瞪
刑禍相仍亦主小貴蜂目豺聲常行安忍螻蛄目心難得魚
目多厄猴目窮寒鷹視狼顧常懷嫉妬牛頭虎視富貴無比
鼻圓隆實富貴終吉鼻孔小縮慳貪不足蜣蜋鼻少意智野
狐鬚無信期毅羊鬚多狐疑口如馬喙心難信制口如鳥嘴
窮寒客死口如河海富貴自在唇如點朱才學代無舌紅且
厚神識自守吐舌及鼻有壽復貴鋸齒食肉平齒食菜疏齒
猛殺密齒淳和細齒長貧名曰鬼齒

鑑頷耳胸背手肚黑子面形法

燕頷封侯頤尖乏肉意志不足耳輪厚大鮮明者貴而且壽

小薄者賤而且夭虎項圓粗富貴有餘鶴項了了財物乏少頸麁短者富貴長細者貧賤胸背如龜富貴巍巍胸長而方智勇無雙手足尖濃指密而厚者富貴手如雞足智意褊促手如猪蹄智意昏迷手如狙掌勤勞伎倆肚如垂壺富貴有餘牛腹貪婪狗腹窮寒蝦蟆腹懶蜥蜴腹緩

凡人聲欲深且實不欲淺而虛遠而不散近而不亡淺而非壯深而不嘶大而不濁小而不彰細而不亂幽而能明餘響激徹有若笙簧宛轉流韻能圓而長虎聲將軍馬聲驍勇雄聲雌覷者虛僞人也氣急而聲重者眞實人也

凡黑子欲得大而明生隱處吉露處凶

凡人面欲圓胸欲方上欲長下欲短

凡人胸欲厚背欲負五嶽成四瀆好頭高足厚頸短臂長似虎似龍所謂行住坐卧飲食音聲似非一處也

鑑頭骨玉枕額文法

腦頭高聳起將軍≋三關玉枕萬戶侯近下將軍◎車輪枕封侯∴三星枕封王☽偃月枕封三公口四方枕封侯✚十字枕封二千石∞酒樽枕二千石三公⊥上字枕封侯○圓枕封侯

北額上有北字文將軍川額上有兩立文二千石川眉間有四立文封侯八眉間有八字龍文將軍))眉間有三偃月文封侯◠額上有覆月文將軍八眉上有文通髮將軍土眉間有土字文封侯文眉間有文字文者兵死

凡人色欲正不欲邪白如凝脂黑如傅漆紫如爛椹黃如蒸栗赤如炎火青如浴藍皆三公將相也

相馬篇第三十二

經曰相馬之法先相頭耳耳如撇竹眼如鳥目麞脊麟腹虎胸尾如垂帚次相頭骨稜角成就前看後看側看但見骨側狹見皮薄露鼻衡柱側高低頷欲伏臺骨分明分段俱起視盼欲遠精神體氣高爽○張刻本無此四句按下文云高舉而遠望淫視而遠聽又云胸前三臺骨欲起分段分明並與此文意複發張本得其眞也今姑存之立蹄攢聚行止循良走驟輕躁毛鬣輕潤喘息均細擎頭如鷹龍頭高舉而遠望淫視而遠聽前看如雞鳴後看如蹲虎立如獅子辟兵萬里頷鼻中欲得受人拳名曰太倉太倉寬易飼胸臆欲闊胸前三臺骨

欲起分段分明鬣欲高頭欲方目欲大而光脊欲强壯有力腹脇欲張四下欲長耳欲緊小小即耐勞目大膽大膽大則不驚鼻欲大鼻大則肺大肺大則能走賺欲小小則易飼肋欲得密口欲上尖下方舌欲薄長赤色如朱齒欲齶辦分明牙欲去齒二寸腹下欲廣且平方牙欲白則長壽望之大就之小筋馬也前視見目傍視見腹後視見肉駿馬也齒欲齊密上下相當上唇欲急而方下唇欲緩而厚口欲紅而有光如穴中看火千里馬也臆間欲廣一尺以上能久走頭欲高如剝兔龍顱穴目平脊大腹肚肉多者行千里眼中紫縷貫瞳子者五百里上下徹者千里。（此二句原脫依文瀾閣本補）凡馬不問大小肥瘦數肋有十二十三四百里十四十五五百里旋毛起腕膝上者六百里腹脊上者五百里項轅大者三百里目中有童人如並立並坐者千里羊鬚中生距如雞者五百里耳本下角長一二寸者千里頭如渴烏者千里馬初生無毛七日方得行者千里尿過前蹄一寸已上者五百里尿舉如一足大者千里腹下有逆毛者千里蘭孔中有筋皮及毛者五百里眼上孔是也蹄青黑赤紅白硬如蚌有隴道成者軟口义吻頭厚者硬口义淺者不能食眼下無伏蟲及骨者咬人目小多白驚後足欲曲腕耳中欲促凡馬後兩足白者老馬駒前兩足白者小馬駒

馬有五勞卸鞍不驟者骨勞驟而不起者筋勞起而不振者皮勞振而不噴者氣勞噴而不尿者血勞骨勞科之郄行二

十步差皮勞以手摩兩鞍下汗出差氣勞長韁牽之行得尿者差血勞高繫勿令頭低而食差馬口春青色夏赤色秋白色冬黑色皆死此名入口病也

誓衆軍令篇第三十三

經曰陶唐氏以人戒於國中欲人强其命也有虞氏以農教戰漁獵簡習故人體之夏后氏誓衆於軍中欲人先其慮也殷人誓衆於軍門之外欲人先意以待事也周人將交白刃而誓之以致人意也夏賞於朝賞善也殷戮於市戮不善也周賞於朝戮於市兼質文也夫人以心定言以言出令故須振雄略出勁辭銳鐵石之心凜風霜之氣發揮號令申明軍法

誓衆文　某將軍某乙告爾六軍將吏士伍等聖人弦木爲弧剡木爲矢弧矢之利以威不庭兼弱攻昧取亂侮亡今戎夷不庭式干王命皇帝授我斧鉞肅將天威有進死之榮無退生之辱用命賞于祖不用命戮于社軍無二令將無二言勉爾乃誠以從王事無干典刑

軍令　經曰師衆以順爲武有死無犯爲恭故穰苴斬莊賈魏絳戮楊干而名聞諸侯威震鄰國令之不行不可以稱兵三令而不如法者吏士之罪也申明而不如法者將之過也先甲三日懸令於軍門付之軍正使執本宣於六軍之衆有犯命者命軍正准令按理而後行刑使六軍知禁而不敢違也

一漏軍事者斬漏泄軍中陰謀及告事者皆死

一背軍走者斬在道及營臨陣同

一不戰而降敵者斬背順歸逆同

一不當日時後期者斬詐事會戰同阻雨雪水火不坐

一與敵人私交通者斬籍沒其家言語書疏同

一失主將者斬隨從則不坐

一失旌旗節鉞者連隊斬與敵人所取同

一臨難不相救者斬爲敵所急不相救者同

一誑惑訛言妄說陰陽卜筮者斬妄說鬼神災祥以動衆者同

一無故驚軍者斬呼叫奔走妄言煙塵者同

一遺棄五兵軍裝者斬不謹因檢察者同
一自相竊盜者斬不計多少
一將吏守職不平藏情相容者斬理事曲法者同
一以强凌弱樗蒲忿爭酗酒喧競惡罵無禮於理不順者斬
因公宴集醉者不坐
一軍中奔走軍馬者斬將軍已下並步入營乘騎者同
一破敵先擄掠者斬入敵境亦同
一更鋪失候犯夜失號擅宿他火者斬恐奸得計
一守圍不固者斬罪一火主吏
一不伏差遣及主吏役使不平者斬有私及强梁者同
一侵欺百姓姦居人子女及將婦人入營者斬恐傷人軍中

愼子女氣

一違將軍一時一命皆斬

關塞四夷篇第三十四 ○張刻本無四夷二字

經曰關塞者地之要害也設險守固所以乖蠻隔夷內諸夏而外夷狄尊衣冠禮樂之國卑氊裘毳服之長是以荒要侯甸從此別矣

關內道自京西出塞門鎮經朔方節度去西京一千三百五十里去東京二千里關五原塞表匈奴之故地以渾邪部落爲皐蘭都督府斛律部落爲高闕州渾鶻焦部落爲浚稽州曾麗塞下置六胡州黨項十四拓拔舍利僕固野剎奚乾節子等部落牧其原野

黃河北道安北舊去西京五千二百里東京六千六百里今移在永淸去西京二千七百里東京三千四百里關大漠以北回紇部落爲瀚海都督府多覽部落爲燕然都督府思結部落爲盧山都督府同羅拔拽古部落爲幽陵都督府同羅部落爲龜林都督府匐利羽爲稽田州奚結部落爲雞鹿州道歷陰山羊那山龍門山牛頭山鐵勒山北庭山眞檀山木剌山諸眞山涉黑沙道入十姓部故居地

河東道自京西東出蒲津關經太原抵河東節度去西京二千七十五里去東京一千六百四十五里關榆林塞北以麁利左渠故地置定襄都督府管[redacted]等六州以右渠地置雲中都督府管阿史那等五州道歷三川口入三山毋谷道通

室韋大落泊東入奚西入默啜故地

隴右道自西京出大鎮關經隴西節度去西京一千四百里去東京一千二百七十五里南出關黨項雜羌置据叢鱗可等四十州分隸緣邊等諸州西距吐番去西京一萬二千里北去鳳林關度黃河西南入鬱標柳谷彭豪濤海大非海烏海小非海星海泊悅海萬泩日海魚海入吐番

河西道自京西西北出蕭關金城關自河西節度去西京二千一十里去東京二千八百十一里。此句原脫依文瀾閣本補北海抵日亭海彌娥山獨洛河道入九姓十箭三屆故居地

北庭道自北京西出經河西節度出玉門關涉河關菖蒲海東出高昌故地置西州以突厥處密部落為瑤池都督府以

雜種故胡地部落為庭州爲北庭都護去西京一千七百五十六里去東京六千八百七十六里北抵播塞厥海長海關海曲地以突結骨部落置堅昆都督府管拘勃都督府爲燭龍州北抵瀚海去西京二萬餘里

安西道自西京出涉交河出鐵門關至安西節度去西京八千五十里去東京八千八百五十里路入疏勒鄢耆碎葉于闐黑海雪海大宛月支康居大夏奄蔡黎軒條支烏孫等國

劍南道自東京西南出大散關經甘亭關百牢關越劍門關松嶺關至劍南節度去西京二千三百七十里去東京三千二百十六里出蠶溼關過筰道雜羌六十四州分列山谷路入吐蕃南出邛崍〇分列下九字原脫依文瀾閣本補開通越巂度瀘河雲

南關西南徼外雜蠻罝冉蒙弄覽六十州路入甘河夜郎滇池身毒五天竺國去西京三萬五千里

范陽道自西京出潼關至范陽節度去西京二千五百二十里去東京一千六百八十六里北去居庸關盧龍關塞外東胡故地以契丹蕃長置饒察都督府回紇五部落分為五州以白霫部落為居延州黑霫部落為寘顏州北至烏羅渾去西京一萬五千里

平盧道自西京經范陽節度東至榆林關至平盧○此下舊抄本並脫去以文瀾閣本參張刻本補節度去西京二千七百里去東京三千里抵安東渡遼水路接奚契丹室韋勃海靺鞨高麗黑水

嶺南道自西京南出藍田關涉漢江越大庾嶺經南海節度

去西京五千六百里去東京四千二百七十里路入銅柱林
邑九眞日南高眞臘銅勒交趾等國
河南道自西京出潼關經東萊節度去西京二千七百六十
里去東京一千八百五十三里東涉滄海距熊津都督府北
濟國又東抵雞林都督府新羅國又東南經利磨國屬羅涉
海達倭國一名日本其海行不計里數

神機制敵太白陰經卷三終

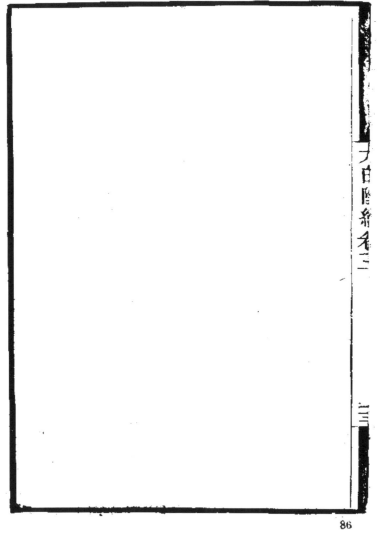

神機制敵太白陰經卷四

戰具類

攻城具篇第三十五。此篇舊抄本脫去以文瀾閣本參張刻補

經曰善守者藏於九地之下善攻者動於九天之上人所不見謂之九地見所不及謂之九天是故墨翟縈帶爲垣公輸造飛雲之梯無所施其巧所謂善守者敵不知其所攻善攻者敵不知其所守守而必固者守其所不攻攻而必取者攻其所不守孫武子曰具器械三月而後成拒城闉三月而後已其攻守之具古今不同今約便事而用之

轒轀車四輪車上以繩爲脊犀皮蒙之下藏十人塡隍推之直抵城下可以攻掘金木火石所不能及

飛雲梯以大木爲床下置六輪上立雙牙有梯長一丈二尺有四梲相去三尺勢微曲遞互相栝飛於雲間以窺城中其上城首冠雙轆轤○原本誤重雙字依通典百六十引此文刪枕城而上

砲車以大木爲床下安四輪上建雙陛陛間橫栝中立獨竿首如桔槔狀其竿高下長短大小○原本竿上誤衍高字依通典刪以城爲準竿首以窠盛石小大多少隨竿力所制人挽其端而投之其車推轉逐便而用之亦可埋脚着地而用其旋風四脚亦隨事用之

車弩爲軸轉車車上定十二石弩弓以鐵鉤連軸車行軸轉引弩持滿弦挂牙上弩爲七衢中衢大箭一鏃長七寸圍五寸箭笴長三尺圍五寸以鐵葉爲羽左右各三箭次差

小於中箭其牙一發諸箭皆起及七百步所中城壘無不崩潰樓櫓亦顛墜○張刻本無此句今依文瀾閣本

尖頭轤以木為脊長一丈徑一尺五寸下安六脚下闊而上尖高七尺可容六人以濕牛皮蒙之人蔽其下○人蔽二字原倒依通典乙轉共舁直抵城下木石金火不能及用攻其城○張刻本無此句今依文瀾閣本

土山于城外堆土為山乘城而上

地道鑿地為道行于城下因攻其城每一丈建柱以防崩陷復積薪于柱間而燒之柱折城崩

板屋以八輪車車上樹高竿上安轆轤以繩挽板屋上竿首以窺城中板屋○此九字文瀾閣本脫去今依張刻高五尺方四尺有十

二孔四面列布車可進退圍城而行于營中遠望謂之巢車狀若鳥巢

木幔以板爲幔立桔槔於四輪車上懸逼城堞使趫卒蔽之蟻附而上矢石所不能及

火箭以小瓢盛油貫矢端射城樓櫓板上瓢敗油散後以火箭射油散處火立焚復以油瓢續之則樓櫓盡焚

雀杏磨杏核中空以艾內火實之繫雀足薄暮羣放之飛入城中棲宿積聚廬舍須臾火發

蜀鑁鐵鏨蜀鑁短柄鑁也○此鑁字依御覽三百七十七補鐵鏨鏨并鏨城也○此句原脫鏨字城字並依御覽補正

守城具篇第三十六

經曰善守者藏於九地之下善攻者動於九天之上人所不見謂之九地見所不及謂之九天禽滑釐問墨翟守城之具墨翟荅以六十六事。文瀾閣本作五十六事 皆繁冗不便於用其後韋孝寬守晉州王偘守臺城皆約封胡子技巧之術古法非不妙然非今之用也。張刻本作然不宜於今也 今述便於用者如左方

浚隍深開濠塹也

增城增修樓櫓也

懸門懸木板以爲重門

突門於城中對敵營自鑿城內爲暗門多少臨時令厚五六寸勿穿或於中夜或於敵初來營列未定精騎從突門躍出擊其無備襲其不意

塗門以泥塗門扇厚五寸備火又云塗棧以泥門上木棧棚
也
積石積砲石大小隨事
轉關橋一梁爲橋梁端著横栝拔去栝橋轉關人馬不得渡
皆傾水中秦用此橋以殺燕丹
鑿門爲敵所逼先自鑿門爲數十孔出强弩射之長寻刺之
積木備壘木長五尺徑一尺小或六七寸拋下打賊
積石備壘石於城上不計大小以多爲妙充拋石
樓櫓城上建堠樓以板爲之跳出爲樓櫓
笓籬戰格於女墻上挑出去墻三尺內着横括前端安轄以
荊柳編之長一丈闊五尺懸于椽端用遮矢石

布幔以復布爲幔以弱竿橫掛於女墻外去墻七八尺折拋石之勢則矢不復及墻

木弩以楊柘桑爲弩可長一丈二尺中徑七寸兩稍三寸以絞車張之發如雷吼（○張刻本作巨矢一發聲如雷吼）以敗隊卒

燕尾炬縛葦草爲炬尾分爲兩岐如燕尾狀以油蠟灌之加火從城上墮下使騎木驢而燒之

松明炬以松木燒之鐵索墜下巡城點照恐敵人乘城而上

脂油燭炬然燈秉燭於城中四衝要路門戸晨夜不得絕明以備非常

行爐常鎔鐵汁鑪舁於城上以洒敵人土瓶盛汁拋之敵攻城不覺

遊火鐵筐盛火加脂蠟鐵索懸墜城下燒孔穴掘城之人灰雜糠粃因風於城上擲之以眯敵人之目因以鐵汁洒之又云眯目○張刻本作名曰眯目無下文十二字因風以粃糠灰擲之使不得覩

連梃如打禾枷狀打女墻上城敵人

叉竿如鎗刃布兩歧用叉飛雲梯上人

鉤竿有鎗兩邊有曲鉤○通典百六十引作曲刃可以鉤物

天井敵攻城爲地道來反自於地道上直下穿井邀之積薪井中加火熏之自然焦灼

油囊盛水於城上擲出火車中囊敗火滅

地聽於城中八方穿井各深二丈令人頭覆戴新瓮於井中

坐聽則城外五百步之內有掘城道者並聞於瓮中辯方所遠近

鐵菱狀如蒺藜要路水中着之以刺人馬之足

陷馬坑坑長五尺闊一尺深三尺坑中埋鹿角竹籤其坑十字相連狀如鉤鎖復以蒭草葦木加土種草實令生苗蒙覆其上軍城營壘要路設之

拒馬鎗以木徑二尺長短隨事十字鑿孔縱橫安括長一丈銳其端可以塞城門要道人馬不得奔前

木柵為敵所逼不及築城壘或山河險隘多石少土不任版築且建木為柵方圓高下隨事深淺埋木根○通典無淺字重複彌縫其闕內量長短為閣道立外柱外重長出四尺為女

墻皆泥塗之內七寸。通典作七尺又立閣道內柱上布板爲棧立闌干竹於柵上懸門擁墻濠塹拒馬一如城壘法

水攻具篇第三十七

經曰以水佐攻者强水因地而成勢爲源高於城本大於末可以遏而止可以决而流故晉水可以灌安邑汾水可以浸平陽先設水平測其高下可以漂城灌軍浸營敗將也。御覽三百二十二引作沉營殺將

水平槽長二尺四寸兩頭中間鑿爲三池池橫闊一寸八分縱闊一寸深一寸三分池間相去一尺四寸。文淵閣本五寸通典百六十引作五分中間有通水渠闊三分。通典御覽並引作二分深一寸三分池各置浮木木闊狹微小於池空三分。張刻本臣厚三分上建

立齒高八分闊一寸七分厚一分槽下爲轉關脚高下與眼等以水注之三池浮木齊起眇目視之三齒齊平以爲天下準或十步或一里乃至十數里目力所及隨置照板度竿亦以白繩計其尺寸則高下丈尺分寸可知也照板形如方扇長四尺下二尺黑上二尺白闊三尺柄長一尺大可握度竿長二丈刻作二百寸二千分每寸內刻小分其分隨向遠近高下立竿以照版映之眇目視之三浮木齒及照板黑映齊平則召主板人以度竿上分寸爲高下遞相往來尺寸相乘則水源高下○額覽則字下有山岡溝澗四字可以分寸度也

火攻具篇第三十八

經曰以火佐攻者明因天時燥旱營舍茅竹積芻穗軍糧於枯草宿莽之中月在箕壁翼軫之夕設五火之具因南風而焚之

推月宿法周天三百六十五度四分度之一二十八宿四方分之月二十八日夜一周天行二十八宿一日一夜行一十三度少強昔以月中氣日月合爲宿首角十二度亢九度氐十五度房五度心五度尾十八度箕十一度東方七宿共七十五度斗二十六度牛八度女十二度虛十度危十七度營室十六度東壁九度北方七宿共九十八度奎十六度婁十二度胃十四度昴十一度畢十六度觜二度參九度西方七宿共八十度東井三十三度輿鬼四度柳

十五度星七度張十八度翼十八度軫十七度南方七宿
共一百一十二度
雨水正月中日月合宿營室八度於辰在亥爲娵訾於野衛
分并州於將登明
春分二月中日月合宿奎十四度於辰在戌爲降婁於野魯
分徐州於將河魁
穀雨三月中日月合宿昴三度於辰在酉爲大梁於野趙分
冀州於將爲從魁
小滿四月中日月合宿參四度於辰在申爲實沈於野魏分
益州於將爲傳送
夏至五月中日月合宿東井二十五度於辰在未爲鶉首於

野秦分雍州於將爲小吉
大暑六月中日月合宿星四度於辰在午爲鶉火於野周分
三河於將爲勝光
處暑七月中日月合宿翼九度於辰在巳爲鶉尾於野楚分
荆州於將爲太乙
秋分八月中日月合宿角四度。原作亢八度依張刻本改於辰在辰爲
壽星於野鄭分兗州於將爲天罡
霜降九月中日月合宿氐十四度於辰在卯爲大火於野宋
分豫州於將爲太衝
小雪十月中日月合宿箕二度。原作十二度今以算改正於辰在寅爲
析木於野燕分幽州於將爲功曹

冬至十一月中日月合宿斗二十一度於辰在丑爲星紀於野吳越分揚州於將爲大吉

大寒十二月中日月合宿虛五度於辰在子爲玄枵於野齊分青州於將爲神后

假如正月雨水一日夜半月在營室八度至後二日夜半行十三度少强郎至東壁五度至後三日夜半行十三度少强郎至奎九度順行二十八宿每日夜行十三度少强二十八日一周天其晦朔二日月不見他皆倣此。張刻本此下別爲一篇題元女式誤也今依文瀾閣本改正

玉門經曰倍月加日從營室順數郎知月宿所在假令正月五日倍月成二加五成七從營室順數七宿至畢他皆倣此。自玉門經至此舊抄本並脫去以文瀾閣本參張刻

本補然東井三十三度觜二度恐將不定故爲通算以決之而用五火之具

火兵以驍騎夜銜枚縛馬口人負束薪藁草藏火直抵賊營一時舉火營中驚亂急而乘之彼靜不亂弃而勿攻

火獸以艾蘊火置瓢中開四孔繫野猪麞鹿項下爇其尾端望敵營而縱之使奔彼草中器敗火發

火禽以胡桃剖令空開兩孔實艾以火繫野雞足針其尾而縱之飛入草中器敗火發

火盜選一人勇捷語言服飾與敵同者竊號逐便懷火偷入營中焚其積聚火發乘亂而出

火矢以臂張弩射及三百步者以瓢盛火冠矢端以數百端

候中夜齊射入敵營中焚其積聚火發軍亂乘便急攻

濟水具篇第三十九

經曰軍行遇大水河渠溝澗無津梁舟楫難以濟渡太公以天艎大船首質朴而不便於用○原脫質字用作事並依御覽三百六改今隨事應變以濟百川○御覽作隨事逐物變化而用之以濟巨川

浮囊以木縛囊爲栰囊受二石力勝一人食闊五尺以繩鉤聯編槍於其上令形長而方前置板頭後置稍左右置棹

槍栰槍十根爲一束力勝一人四千一百六十六根四分槍爲一栰皆去鋒刃束爲魚鱗以橫栝而縛之○原脫栝字依御覽補可渡四百一十六人半爲三栰計用槍一萬二千五百根率渡一千二百五十人十渡則一軍畢濟

蒲筏以蒲九尺圍顚倒爲束以十道縛之似束槍爲筏量長短多少隨蒲之豐儉載人無蒲用蘆葦法亦如蒲筏

挾絙○御覽此下有善水者三字 以木繫小繩先挾浮渡水次引大絙於兩岸立一大橛急張定絙使人挾絙浮渡大軍可爲數十道豫多備○此三字張刻本作豫之二字

浮囊以渾脫羊皮吹氣令滿緊縛其孔縛於脇下可以渡也

水戰具篇第四十

經曰水戰之具始自伍員以舟爲車以楫爲馬漢武帝平百粵鑿昆明之池置樓船將軍其後馬援王濬各造戰船以習江海之利其船闊狹長短隨用大小皆以米爲率一人重米二石○張刻本作一石 則人數率可知其楫棹篙櫓樓席○通典百六十樓作

帆絙索沉石調度與常船不殊

樓船船上建樓三重○船字原本不重依通典補列女墻戰格樹旗幟開弩牕矛穴置拋車壘石鐵汁狀如城壘晉龍驤將軍王濬伐吳造大船長二百步上置飛簷閣道可奔車馳馬忽遇暴風人力不能制不便於事然為水軍不可不設以張形勢

蒙衝以犀革蒙覆其背兩相開掣棹孔前後左右開弩牕矛穴敵不得近矢石不能敗此不用大船務於速進○張刻本此下有速退二字以乘人之不備非戰船也

戰艦船舷上設中墻半身墻下開掣棹孔舷五尺又建棚與女墻齊棚上又建女墻○已上七字原缺依文淵閣本補重列戰格人無

覆背前後左右樹牙旗幡幟金鼓戰船也

走舸亦如戰船舷上安重墻棹夫多戰卒少皆選勇士精銳者充往返如飛乘人之不及兼備非常救急之用

遊艇小艇以備探候無女墻舷上梁床左右隨艇大小長短四尺一床計會進止回軍轉陣其疾如飛虞候居之非戰船也

海鶻頭低尾高前大後小如鶻之狀舷下左右置浮板形如鶻翅其船雖風浪漲天無有傾側背上左右張生牛皮為城牙旗金鼓如戰船之制

器械篇第四十一

經曰工欲善其事必先利其器器之於事如影之隨形響之

應聲其相須如左右手故曰器械不精不可言兵五兵不利不可舉事上古庖犧氏之時剡木為兵。御覽三百三十九引此句作弦木為弓剡木為矢神農氏之時以石為兵尚書砮石中矢鏃。此為孔氏禹貢傳文也御覽引作兵書蓋誤黃帝之時以玉為兵蚩尤之時鑠金為兵割革為甲始制五兵建旗幟樹夔鼓以佐軍威

纛六面大將軍中營建出引六軍古者天子六軍諸侯三軍今天子一十二衛諸侯六軍故有六纛以主之

門旗二面色紅八幅大將軍牙門之旗出引將軍前列

門槍二根以豹尾為刃榼出居紅旗之後止居帳前左右建

五方旗五面各具方色大將軍中營建○中字依御覽補出臨六纛後在營亦於六纛後建

嚴警鼓○舊抄本警作讋張刻本又誤作禁今依御覽改一十二面大將軍營前左右行列各六面在六纛後

角一十二枚於鼓左右列各六枚以代金

隊旗二百五十面尚色圖禽與本陣同五幅

認旗二百五十面尚色圖禽與諸隊不同各自爲識認出居隊後恐士卒交雜

陣將門旗各任所色不得以紅恐紛亂大將軍○以字依御覽補又張刻本作不得與大將同用紅色

陣將鼓一百二十面臨時驚敵所用

甲六分七千五百領

戰袍四分五千領

槍十分一萬二千五百條恐揚兵縛桄

牛皮牌二分。二字原在二千五百面之下依御覽移置此二千五百面馬軍以團

牌代四分支

弩二分弦三分。按下文當作六分然御覽已如此副箭一百分二千五百張

弩。舊抄本作弓文繼隔本作弦今依御覽改正與上文合七千五百條弦二十五

萬隻箭

弓十分弦三。依下文當作三十分然御覽已如此副箭一百五十分。原本誤作三

十六隻依御覽改弓。御覽此字在句末下二句同與上條一例一萬二千五百張弦

三萬七千五百條箭三十七萬五千隻

射甲箭五萬隻

生鈚箭。原本鈚誤作鈇依御覽改二萬五千隻

長隊箭弓袋胡鹿長弓袋。弓袋原本誤作張依御覽改並十分一萬二千五百副

佩刀八分一萬口

陌刀二分二千五百口

棓二分二千五百張

馬軍及陌刀並以啄錘斧鉞代各四分支

搭索二分二千五百條馬軍用

軍裝篇第四十二

經曰軍無輜重則舉動皆闕士卒以軍中為家至於錐刀不可有缺

驢六分七千五百頭鞍絡自副

幕一萬二千五百口竿梁釘橛鎚自副

鍋一分一千二百五十口

乾糧十分一人一斗二升一軍一千五百石

麩袋十分一萬二千五百口韋皮縫可繞腰受一斗五升

馬盂十分一萬二千五百口皆堅木爲之或熟銅受三升

文淵閣本三斗冬月可以暖食

刀子銼子鉗子鑽子藥袋火石袋鹽袋解結錐礪石各十分

一十一萬二千五百事

麻鞋三十分三萬七千五百緉攤子鞦韤濇子各十分三萬

七千五百事

袴帑抹額六帶帽子氈帽子各十分六萬二千五百事

氈床十分一萬二千五百領

皮裘皮褶各三分七千五百領或許爲蕃兵用椰鏵栲栳各三分。依下數當作二分五千口

皮囊袋亦得鍬鎚斧鋸鑿各二分。已上張刻本但有皮囊十分四字按皮囊袋亦得句當屬上條一萬二千五百事

鎌四分五千張

切草刀二分二千五百張

布行槽一分一千二百五十具

大小胡瓢二分二千五百枚

馬軍鞍轡革帶十分。張刻本三十分按當云各十分三萬七千五百具

人藥一分三黃丸水解散瘡痢藥金鎗刀箭藥等五十貼。此

條張刻本但云人藥一分金瘡藥一分又另提行云馬藥二分

披氈披馬氈引馬索各十分計三萬七千五百事馬軍無幕故以披氈代

搞楗十分一萬二千五百具

絆索二十分二萬五千條

皮毛及連枝中半中皮條○張刻本但有皮毛皮條四字三十分三萬七千五百條備收賊雜使用

右各隊備辦公廨軍裝並須賫行貯備使用勿令臨時有缺

神機制敵太白陰經卷四終

神機制敵太白陰經卷五

預備總序

經曰不備不虞不可以師師愚者有備與智者同功故天子有道守在四境諸侯有道守在四鄰國所以立疆場關塞亭障者將欲別內外乖夷狄置烽燧刁斗者所以警邊徼厲士卒也

築城篇第四十三

經曰先王之制大都不過三國之一中五之一小九之一故曰都城過百雉國之害也今諸侯之城方兩京之城闊狹合五之一其高為邊隅之守不可為節制古今度城之法者下闊與高倍上闊與下倍城高五丈下闊二丈五尺上闊一丈

二尺五寸高下闊狹以此爲準料功以下闊加上闊得三丈七尺五寸半之得一丈八尺七寸五分〇原本半下誤衍乘字依通典百六十刪以高五丈乘之一丈之城積數得九十三丈七尺五寸每一工日築二丈計工四十六人日築城一丈餘七尺五寸一步計役二百七十八人土餘五丈一百步計工二萬七千八百二十人餘一丈土一里計工一十萬一百九十人餘一丈土率一里則十里可知其出土負簣並計之丈土其羊馬城於濠內築高八尺上至女墻計工準上

鑿濠篇第四十四

經曰濠面闊二丈深一丈底闊一丈以面闊加底闊積數三丈半之得數一丈五尺以深一丈乘之鑿濠一尺得數一十

五丈每一工日出土三丈一尺計工五人一步計工三十人一里計工一萬八千人一里爲率則百里可知

弩臺篇第四十五

經曰臺高下與城等敵去我城百步臺相去亦如之下闊四丈高五丈上闊二丈上建女墻臺內通暗道安屈膝軟梯人上便卷收之中設氊幙置弩手五人備乾糧水火等候敵近城壘則攢弩射其首將

烽燧臺篇第四十六

經曰明烽燧於高山四望險絶處置無山亦於平地高迥處置下築羊馬城高下任便常以三五爲準臺高五丈下闊三丈上闊一丈形圓上盖圓屋覆之屋徑闊一丈六尺一面跳

出三尺以板爲之上覆下棧屋上置突竈三所臺下亦置三所並以石灰飾其表裏復置柴籠三所流火繩三條在臺側上下用軟梯上收下垂四壁開孔望賊及安置火筒置旗一面鼓一面弩兩張砲石壘木停水甕乾糧生糧麻緼火鑽火箭蒿艾狼糞牛糞每夜平安舉一火聞警舉二火見煙塵舉三火見賊燒柴籠如早夜平安火不舉即烽子爲賊提一烽六人五人烽子遞知更刻觀望動靜一人烽卒知文書符牒傳遞

馬鋪土河篇第四十七

經曰每鋪相去四十里如驛近遠於要路山谷間牧馬兩匹與遊奕計會有事警急煙塵入境則奔馳相報　置土河於

山口賊路横截道鑿之横闊二丈深二丈○文瀾閣本二尺以細沙散土塡平早夜行檢掃令平淨有狐兔入境亦知足跡多少況於人馬乎

遊奕地聽篇第四十八

經曰於奇兵中選驍果諳山川井泉者與烽子馬鋪土河計會交牌日夕邏候於庭障之外捉生事問敵營虛實我之密謀勿令遊奕人知其副使子將並久諳軍旅好身手者任地聽選少睡者令枕空胡𥷕卧有人馬行三十里外東西南北皆有響見於胡𥷕中名曰地聽可預防奸野猪皮為胡𥷕尤妙

報平安篇第四十九

經曰報平安者諸營鋪百司主當皆入五更有動靜報虞候知左右虞候早出大將軍牙前帶刀磬折大聲通曰左右廂兵馬及倉庫營並平安諾復退本班如有盜賊動靜緊急即具言其事若在野行軍即言行營兵馬及更鋪並平安

嚴警鼓角篇第五十 ○張刻本止作鼓角

經曰夫城軍野營行軍在外五更初日沒時撾鼓一通三百三十撾爲一通鼓音止則角音動吹一十二聲角爲一疊角音止鼓音動如此三鼓三角而昏明畢○張刻本無明字行軍第一角聲動兵士起第二角聲動戎裝了第三角聲動內外辦角音絕兵馬齊動而發

定鋪篇第五十一

經曰每日戌時嚴警鼓角初動虞候領甲士十二隊建旗幟立號頭巡軍營及城上如在野巡營外定更鋪疏密坐者喝曰是甚麼人巡者答曰虞候總管某乙巡坐喝曰作甚行答曰定鋪坐喝曰是不是行者曰是如此者三喝三答坐曰虞候總管過號頭及坐喝用聲雄者充

夜號更刻篇第五十二 ○張刻本止作夜號

經曰夜取號於大將軍處粘藤紙二十四張十五行界印縫安標軸題首云某軍某年某月某日號簿每日戌時虞候判官持簿於大將軍幕前取號大將軍取意於一行中書兩字上一字是坐喝下一字是行答於將軍前封鎖函付諸號各到彼巡檢所主首以本鑰匙開函告報不得令有漏泄一夜

書一行二十四張三百六十行盡一載別更其簿
更漏牌一日一夜凡一百刻以竹馬爲一百牌長三寸闊一寸逐月題云某月更牌一日一夜計行二百里探更人每刻徐疾行二里常取月中氣爲正
雨水正月中夜傳牌四十九分一更傳牌九餘一里一百七十三步三尺二寸
春分二月中夜傳牌五十一分一更傳牌十
穀雨三月中夜傳牌三十七分一更傳牌七餘一里十四步二尺
小滿四月中夜傳牌三十六三分一更傳牌七餘一百七十步四尺八寸

夏至五月中夜傳牌三十五分一更傳牌七
大暑六月中夜傳牌三十六三分一更傳牌七餘一百七十
五步一尺二寸
處暑七月中夜傳牌三十六三分一更傳牌七餘一百七十
五步一尺二寸
秋分八月中夜傳牌四十四五分一更傳牌八餘一里二百
八十六步一尺二寸
霜降九月中夜傳牌四十九五分一更傳牌九餘一百一十
八步五尺六寸
小雪十月中夜傳牌五十三三分一更傳牌十餘一里二百
一十五步一尺二寸

冬至十一月中夜傳牌五十五一更傳牌十一
大寒十二月中夜傳牌五十三二分一更傳牌十餘一里二
百二十五步一尺二寸
右件古法多不合今〇本篇諸數以算術求之多不合各本盡同無從是正姑仍之

鄉導篇第五十三

經曰卽鹿無虞從入於林中不用鄉導難得地利夫用鄉導者不必土人但諳彼山川之險易敵之虛實卽可任也賞之使厚收其心也備之使嚴防其詐也是故錫之以官爵富之以財帛使有所戀匹之以妻子使有所懷然後察其辭鑑其色覈其言始終如一可以用之也

井泉篇第五十四

經曰沙磧鹵莽之中有水野馬黃牛之蹤○文淵閣本牛作羊張刻本作野羊之聚尋之有水烏鳥所集處有水地生葭葦菰蒲之處有伏泉地有蟻壤之處下有伏泉

迷途篇第五十五

經曰遠征迷途南北不分當以北辰為正

正月昏參中朝尾中　二月昏弧中朝建星中
三月昏七星中朝牽牛中　四月昏翼中朝婺女中
五月昏亢中朝危中　六月昏心中朝奎中
七月昏建中朝畢中　八月昏牽牛中朝觜中
九月昏虛中朝栁中　十月昏危中朝七星中
十一月昏東壁中朝軫中　十二月昏婁中朝氐中

其陰雪則用老馬引前昔齊桓公伐孤竹值雪迷道驅老馬尋途不迷

搜山燒草篇第五十六○張刻本此以下七篇闕

經曰軍至險阻溝澗林薄翳薈葭蘆草莽之處鶴翔鳥舞不下伏獸驚起草木無風而動必謹察之恐伏奸也邊城十月一日燒草及惡山深谷大川連水左近草樹虜騎若來無所伏藏

前茅後殿篇第五十七

經曰周禮挈壺以令軍井挈轡以令軍舍挈畚以令軍糧前茅慮無建旗幟以表之皆古法也今以先鋒令先探井泉水草宿止賊路與鄉導計會乃進軍戰則有喝後皆拔白刃以

臨之使進如退却便斬敵來追我則後殿與戰無驚擾大軍也

釁鼓篇第五十八

經曰軍臨敵境使遊奕捉敵一人立於六纛之前而祝曰胡虜不道敢干天常皇帝授我旗鼓翦滅凶渠見吾旗纛者目眩聞吾鼓聲者魄散令敵人跪纛前乃腰斬之首橫路之左足橫路之右取血以釁鼓鼙大纛從首足間過兵馬六軍從之而往出勝敵亦名祭敵

屯田篇第五十九

經曰洪範八政以食爲先是以商鞅入秦行墾草之令夷吾霸齊富農功之術夫地所以養人城所以守地戰所以守城

務耕者其人不衰務守者其地不危務戰者其城不圍四海之內六合之中有奚貴曰貴於土奚貴於土曰人之本奚貴於人曰國之本是以興兵伐叛而武爵任武爵任則兵勝按民務農則粟富粟富則國強人主恃農戰而尊三時務農一時講武使士卒出無餘力入有餘糧所謂興兵而勝敵按兵而國富也

合屯田六十頃四十頃種子五頃大荳種子五頃麥種子五頃麻種子五頃蕎種子屯外五十畝菜不入至秋納宴設厨四十畝蔓菁種子十畝蘿蔔種子已上種子各依鄉原種

一屯六十丁一丁日給米二升一日一石二斗一月三十六

石一年四百三十二石
牛料一屯六十頭牛日給壹五升十月一日起料四月一日
停一日三石一月九十石六月五百四十石
一屯丁糧牛料種子耒屯堅耒束以長三百七十八尺五寸
三分三毫繩之四分之一長九十三尺六寸三分四毫四
月礫㯱繩內有田一畝對屯田官分三等田內上中下耒
之以三尺五寸圈成束則耒數三等可知
耒屯苗子橫耒取三等東對屯田官打下苗子斗升合數爲
兩絹袋各乘苗子一椀與屯田官者耒使對一椀與耒使
掌者屯官封其後恐有耗損者耒米取子一斗平量對屯
田官擣耒得幾米爲率則一屯斛斗可知

等級殊等九千石第一等七千石第二等六千石第三等五
千石歲無水旱災蝗滿四千石者屯官有殿
一軍載粟一十二萬八千石六分支米九萬石以殊等屯一
十四餘萬二千石方支一歲糧神農書曰雖金城十仞湯
池百步帶甲十萬而無粟者不能守也故充國伐西戎杜
茂守北鄙創置屯田以爲耕植也

人糧馬料篇第六十

經曰一軍一萬二千五百人人日支米二升一月六斗一年
七石二斗一軍一日支米二百五十石一月七千五百石一
年九萬石
以六分支粟一人日支粟三升三合三勺三抄三圭三粒一

月一石一年一十二石一軍一年二十萬八千石每小月
人支粟九斗六升六合六勺六抄六圭六粒其大麥八分
小麥六分蕎麥四分大豆八分小豆七分豌豆七分麻七
分黍七分並依分折米
鹽一人日支半合一月一升五合一年一斗八升一軍一日
六石二斗五升一月一百八十七石五斗一年二千二百
五十石
馬料一人二匹一軍二萬五千匹朔方河西一人二匹范陽
河東隴右安西北庭則二人三匹平盧劍南則一人一匹
計馬二萬五千匹爲一軍計二百五十匹爲一隊分爲十
坊一坊秣馬五十隊十月一日起料四月一日停料

一馬日支粟一斗一月三石六箇月一十八石計一軍馬一日支粟一千二百五十石一月三萬七千五百石六箇月二十二萬五千石

馬鹽一馬日支鹽三合一月九升六箇月五斗四升一軍馬支鹽三十七石五斗一月一千一百二十五石六箇月六千七百五十石

茭草一馬一日支茭草二圍一月六十圍六箇月三百六十圍計一軍馬六箇月九十萬圍

油藥其油藥取逃亡兵士殘糧衣賜獸醫人於馬押官都頭中差取

軍資篇第六十一

經曰軍無財士不來軍無賞士不往香餌之下必有懸魚重賞之下必有死夫夫興師不有財帛何以結人之心哉

軍士一年一人支絹布一十二疋絹七萬五千疋布七萬五千疋　賞賜馬鞍轡金銀銜轡二十具　錦一百疋　緋紫襖子衫具帶魚袋五十副　色羅三百疋　婦人錦繡夾襭衣帔袍二十副　緋紫紬綾二百疋　彩色綾一百疋　銀器二百事　銀壺瓶五十事　帳設錦褥一十領　紫綾褥二十領　食卓四十張　食器一千事　酒樽杓一十副　長幕二十條　錦帳十所　白氈一百事　床閫二十條　鵰袋綉墊一百口

宴設音樂篇第六十二○按提要設作䜩

經曰雲上於天需君子以飲食宴樂用宣主君之惠暢吏士之心古人出師必犒以牛酒須賞有序殽席有差以激勵於衆酒酣拔劍起舞鳴笳角抵伐鼓叫呼以增其氣絃竹哀怨悽愴征夫感而泣下銳氣沮喪復安得而用哉

酒一人二升二百五十石

羊一口分爲二十節六百二十五口

牛肉代羊肉一人二斤二萬五千斤

白米一人五合六十二石五斗

薄餅一人兩箇二萬五千箇每一斗麪作二十箇計麪一百二十五石○原作一百五十石今校改

饅頭一人一枚一萬二千五百枚一斗麪作三十枚○此句舊抄本

脫去依文淵閣本補用麪四十一石六斗七升

蒸餅一人一枚一萬二千五百枚一斗麪作一百枚

散子一人一枚一萬二千五百枚一斗麪作三十枚麪二十五石每麪一斗使油二十二斤○原本每麪一斗使油一斤二十斤碩二斗今依文淵閣本

饆饠一人一枚一萬二千五百枚一斗麪作八十箇麪一十五石六斗二升五合

餻饈一人三合糯米三十七石五斗

菜一人五兩二千九百五十斤零四兩○此數不符當云三千九百斤零一兩

羊頭蹄六百二十五具充羹

醬羊䐗肝六百二十五具并四等充羹

鹽三人一合四石一斗六升
醬一人半合六石二斗五升
醋一人一合一十二石五斗
椒五人一合二石五斗
薑一人一兩七十八斤零二兩
葱三人一兩二百九十六斤零十六兩○此數不符當云二百六十斤

隨筵樂例

大鼓 杖鼓 腰鼓 舞劍 渾脫 角抵 笛
拍板 破陣樂 投石 拔拒 蹙鞠

神機制敵太白陰經卷五終

陣圖總序

經曰黃帝設八陣之形車廂洞當金也車工中黃土也鳥雲鳥翔火也折衝木也龍騰郤月水也雁行鵝鸛天也車輪地也飛翼浮沮巽也風后亦演握奇圖云以正合以奇勝或合而爲一或離而爲八聚散之勢節制之度復置虛實二壘力牧以邪營圖其後秦由余蜀將諸葛亮並有陣圖以教人戰夫營壘教戰有圖使士卒知進止識金鼓其應敵戰陣不可預形故其戰勝不復而應形無窮兵形象水水因地而制形兵因敵而制勝能與敵變化而取勝者謂之神則其戰陣無圖明矣而庸將以教習之陣爲戰敵之陣不亦謬乎

風后握奇壘圖篇第六十三

經曰自風后至於太公俱用此法古之握奇文不滿尺理隱難明其范蠡樂毅張良項籍韓信黥布皆用此法得其糟粕而霍光公孫宏崔浩亦採其華未盡其實今以八陣握奇入數為壘班布守地闊狹頃畝列之如後○此四句張刻本云惟諸葛孔明則深明其法以入陣握奇壘畫為圖本守地闊狹分寸丈尺毫釐不爽具圖以列于後焉

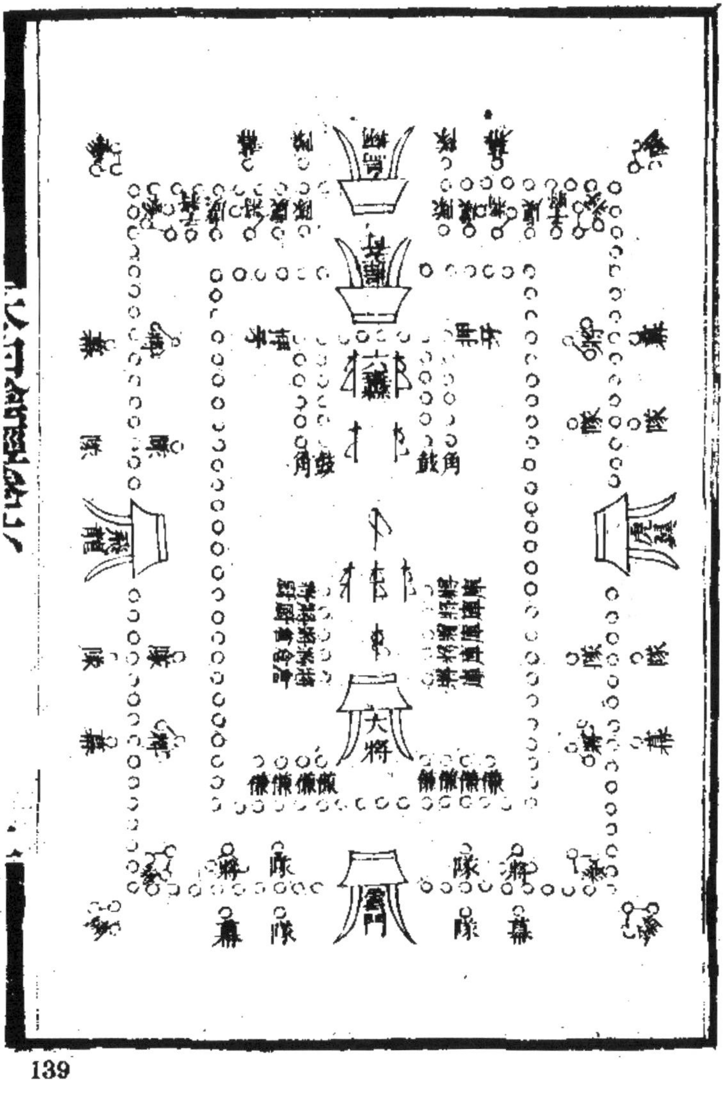
大將

風后握奇外壘篇第六十四。文瀾閣本惟有握奇外壘四字按下文卽說前握奇壘圖之義不應別爲一篇當從閣本爲是然閣本以陣圖總序爲六十三握奇壘爲六十四檢前後卷無有以總序入篇數者恐握奇圖下脫去一篇後人因析圖說爲二以足其數耳姑仍之

一軍一萬二千五百人以十人爲一火一千二百五十火幕亦如之幕長一丈六尺舍十人人守地一尺六寸十以三爲奇以三千七百五十人爲奇兵餘八千七百五十人分爲八陣陣有一千九十三人七分五銖守地一千七百五十尺八陣積率爲地一萬四千尺率成二千三百三十三步。原作三百三十步今以算校正餘二尺積率成六里餘一百七十三步二尺以壘四面乘之一面得地一里餘二百二十三步二尺壘內得地一十四頃一十七畝餘一百九十七步四尺六寸六分以爲

外壘
天陣居乾為天門　地陣居坤為地門
風陣居巽為風門　雲陣居坎為雲門○坎疑艮圖亦誤
飛龍居震為飛龍門　虎翼居兌為虎翼門
鳥翔居離為鳥翔門　蛇蟠居艮為蛇蟠門○艮疑坎
天地風雲為四正　龍虎鳥蛇為四奇
乾坤巽坎為闔門○巽坎疑當從文淵閣本作艮巽
震兌離艮為開門○艮疑當從文淵閣本作坎
有牙旗遊隊列其左右偏將軍居壘門內禁出入察姦詐壘
外有遊軍定兩端前有衝後有軸四隅有鋪以備非常中壘
以三千七百五十人為中壘守地六千尺積尺得二里餘二

百八十步以中壘四面乘之一面得地二百五十步壘內有地兩頃餘一百步　正門爲握奇大將軍居之六纛五麾金鼓府藏輜重皆居中壘

太白營圖篇第六十五 ○張刻本次偃月營圖後

經曰參七星伐三星連體十星爲十將軍西方白虎宿也主殺伐此星出而天下秋草木搖落有若靈威故兵出而法焉

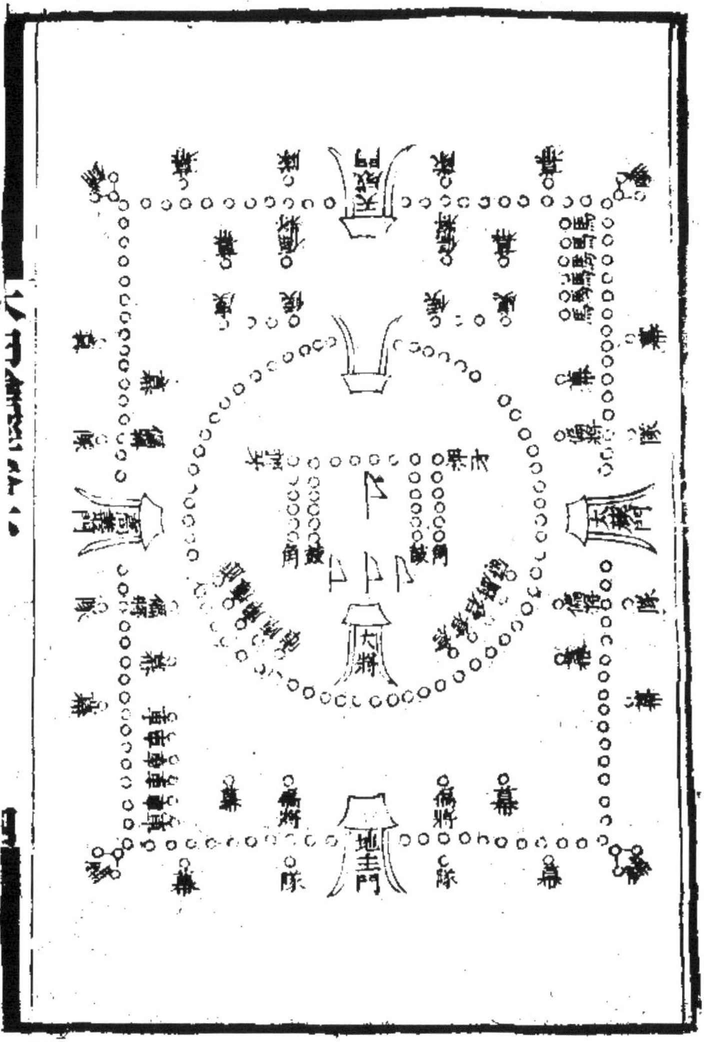
天門
地門
大將

一將一千人十將一萬人幕千人守地一萬六千尺積尺得二千六百六十六步餘四尺積步得七里餘一百四十六步四尺以營四面乘之一面得地一里餘三百六步四尺營內有地一十八頃七十畝餘一百四十三步五尺三寸三分

地主居坎爲地主門　和德居艮爲和德門

高叢居震爲高叢門　大炅居巽爲大炅門

天威居離爲天威門　大武居坤爲大武門

太簇居兌爲太簇門　陰德居乾爲陰德門

四仲爲開門　四維爲闔門

外置牙旗遊隊四維門置鋪偏將軍居壘內以禁出入察奸邪十將幡旗圖禽以五色五行列之

右一將行得水黑幡幟旗圖熊額白脚青
右二將行得火赤幡幟旗圖鷂額白脚黃
右三將行得木青幡幟旗圖熊額白脚赤○原作青依左三將例改
右四將行得金白幡幟旗圖狼額白脚黑
右五將行得土黃幡幟旗圖虎額白脚白
左一將行得水黑幡幟旗圖熊額青脚青
左二將行得火赤幡幟旗圖鷂額青脚黃
左三將行得木青幡幟旗圖熊額青脚赤
左四將行得金白幡幟旗圖狼額青脚黑
左五將行得土黃幡幟旗圖虎額青脚白
中營二千人爲左右決勝軍大將衛五百爲幕二百五十人

守地四千尺積尺得六百六十六步餘四尺積步得一里餘三百六步四尺以營四面乘之一面得地一百六十六步餘四尺其中營小每面加四十三步一尺三寸三分通成二百二十二步一尺三寸三分每幕相去四尺五寸四分營內有地二頃四畝餘一百五十七步一尺五寸九分

休門主一居子　生門主八居艮　傷門主三居卯

杜門主四居巽　景門主九居午　死門主二居坤

驚門主七居酉　開門主六居乾

右八門四維四仲唯開景門闔致大將將軍旗纛金鼓如握奇法

偃月營圖篇第六十六○此圖舊抄本缺亂參張刻本

經曰偃月營形象偃月背山岡面陂澤輪逐山勢弦隨面直○謹字依御覽三百三十五補地窄山狹之所下營也○原本直下有形字山作小並依御覽刪正

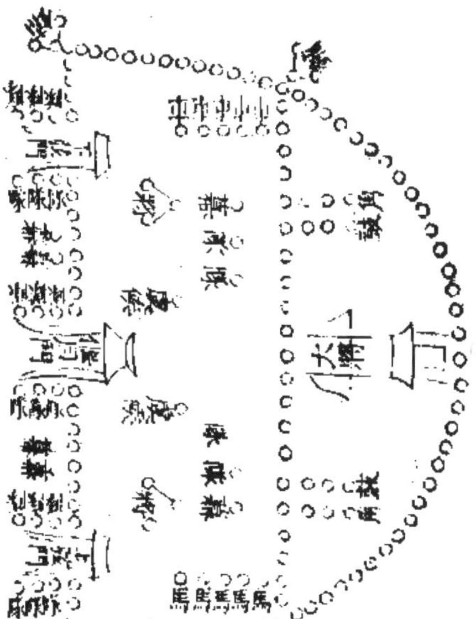

偃月外營常以四六分幕一萬人以六千八守地九千六百尺積尺得一千六百步積步得四里餘一百六十步爲營輪四千八守地六千四百尺積尺得一千六十六步餘四尺積步得二里餘三百四十六步四尺爲弦弦置三門每門相去三百五十五步一尺五寸五分營內有地一十八頃八十畝餘五十八步四尺右置上弦門中置偃月門左置下弦門

偃月中營以二千五百八守地四千尺積尺得六百六十六步餘四尺積步得一里三百六步餘四尺每幕加地四尺五寸四分每幕中兩廂置上馬一十二疋大小如常馬備直鞍

令士卒擐甲冑櫜弓矢佩刀劍持矛盾左右上下以習騎射

陰陽隊圖篇第六十七

經曰陽隊起一至九陰隊起九至一隊有五十人五人爲火長一隊九人。御覽二百九十九引此下有五九二字不失四十五人之數卒間容卒相去二步隊間容隊相去一十八步前後一十步其隊相去前後亦如之黃帝曰陣間容陣隊間容隊曲間容曲是也

一隊布地三十六步一陣二十二隊布地七百九十二步方圓斜曲長短皆如之火長不預教習其支器仗亦在分數之內甲三十領六分戰袍二十領四分槍五十根十分牌十面二分弩十張二分陌刀十張二分箭四十副八分佩刀四十口八分棓十具六分

排甲
甲頭
傔甲
陌刀
陽隊
卒袍
弩袍
纛鼓
陰隊

右守用陰隊左攻用陽隊矛盾弓布置各有行列前後陰陽不同

教旗圖篇第六十八○此圖舊抄本譌脫參張刻本

經曰春秋末並爲戰國增講武之禮以爲戲樂用相夸競而秦更名爲角抵故國雖大好戰必亡天下雖安忘戰必危天下既平○此句原本脫去又衍一故字依御覽二百九十七改此用司馬法仁本篇文春蒐夏苗秋獮冬狩振旅理兵所以不忘戰也宣尼曰以不教民戰是謂棄之今邊軍更名曰教旗使士卒識金鼓別旗幟知行列諳部分乃一軍之節制也

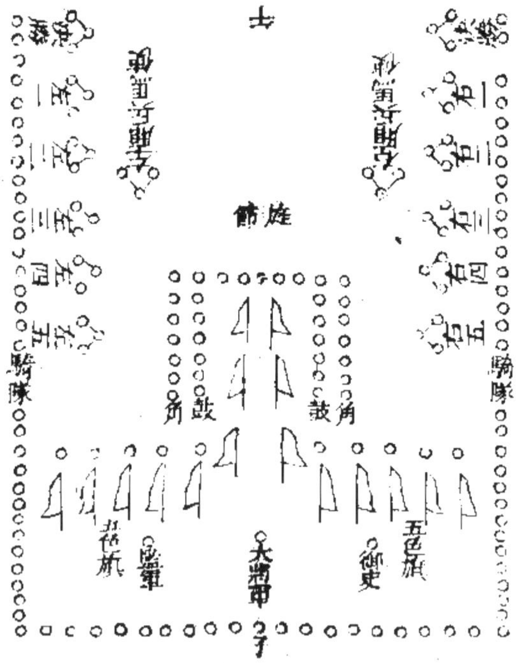
午
旌節
騎隊
騎隊
角
鼓
鼓
角
大將軍
御史
五色旗
子

凡教旗於平原高山大將軍居其上南向左右各置鼓一十二面角一十二具各樹五色旗六纛居前旌節次之監軍御史裨副左右衙官騎隊如偃月形爲候騎下臨平野使士卒目見旌旗耳聞鼓角心存號令乃命十將左右決勝將總一十二將一萬二千人兵刃精新甲馬旗幟分爲左右廂各以兵馬使爲長班布其次陣間容陣隊間容隊曲間容曲以長參短以短參長回軍轉陣以前爲後以後爲前進無速奔退無遽走紛紛紜紜鬬亂而不可亂渾渾沌沌形員而不可敗者奇正是也。（通典百四十九以此五句爲注文首有孫子所謂四字）進止有度徐疾有節以正合以奇勝聽音望麾乍合乍離於是三令五申白旗點鼓音動則左右廂齊合朱旗點角音動則左右廂齊離離之與合皆不離子午之地。通典子午作中央左廂陽向而旋。通典有右字右廂陰向而旋。通典有左字左右各復本位白旗掉鼓音動左右雲蒸鳥散彌川絡野然而不失隊伍之疏密朱旗掉角音動左右各復本位前後左右無差尺寸經曰。張刻本無此二字通典引同散則法天聚則法地如此三合而三離三聚而三散不如法者吏士之罪可從軍令。張刻本云可從軍法從事於是大將軍出五彩旗一十二而各樹於左右陣前每旗選壯勇士五十人守旗選壯勇士五十人奪旗右廂奪左廂旗左廂奪右廂旗鼓音動而奪角音動而止得旗者勝失旗者負勝賞負罰離合之勢聚散之形勝負之理賞罰之信因是以教之

草教圖篇第六十九。此圖舊抄本譌脫參張刻本

經曰古之諸侯畋獵者爲田除害上以供祭祀下以習武事〇御覽二百九十七引此二句云上所以共承宗廟下所以閑習武事太古之時人食鳥獸之肉衣鳥獸之皮後代人民衆多鳥獸寡少衣食不足於是神農教其種植導其紡績以代鳥獸之命自是以後禽獸復盈山林下平土〇此句依御覽補害禾稼人民苦之於是王公秋冬無事教習畋獵簡練兵革奮揚威武以戒非常季冬之月臘日太陰用事萬物畢成蟄蟲以伏乃具卒乘從禽於山澤以教之令知部分進退之儀也

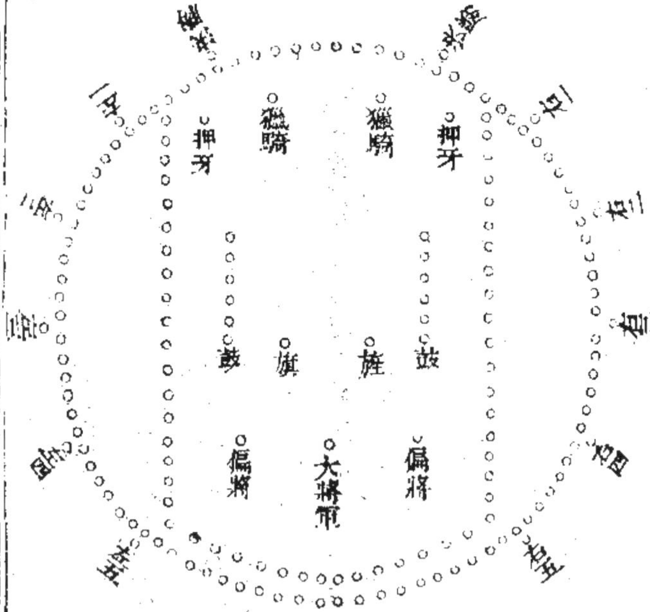
押牙
押牙
鼓
旗
鼓
偏將
大將軍
偏將
右二
右三
右四
右五

一人守圍地三尺一十二將守地三萬六千尺積尺得六千步。原作得步六千依御覽乙轉積步得一十五里餘六十步圍中徑闊得地五里餘二十步以左右決勝將爲校頭其次左右將各主士伍爲行列皆以金鼓旌旗爲節制其初起圍張翼隨山林地勢無遠近部分其合圍地處候先擇定訖以善弧矢者爲圍中騎其步卒槍幡守圍有漏圍獸者坐守圍吏大獸公之小獸私之以觀進止

教弩圖篇第七十

經曰弩者怒也言其聲勢威響如怒故以名其弓也。御覽三百四十八引作弩穿剛洞堅自近及遠古有黃連百竹八擔雙弩之名。通典百四十九引作雙弓之號今有絞車弩射七百步攻城拔壘用之臂

張弩射三百步步戰用之馬弩射二百步馬戰用之弩張遲臨敵不過三發所以戰陣不便於弩非弩不利於戰而將不明於用弩也夫弩不離於短兵○通典離作雜當別為隊攢箭注射則前無立兵對無橫陣復以陣中張陣外射番次輪回張而復出射而復入則弩無絕聲敵無薄我置弩必處於高爭山奪水守臨塞口破驍陷陣果非弩不利也○此四句張刻本云爭奪山川臨塞之日摧堅破銳果非弩不克也

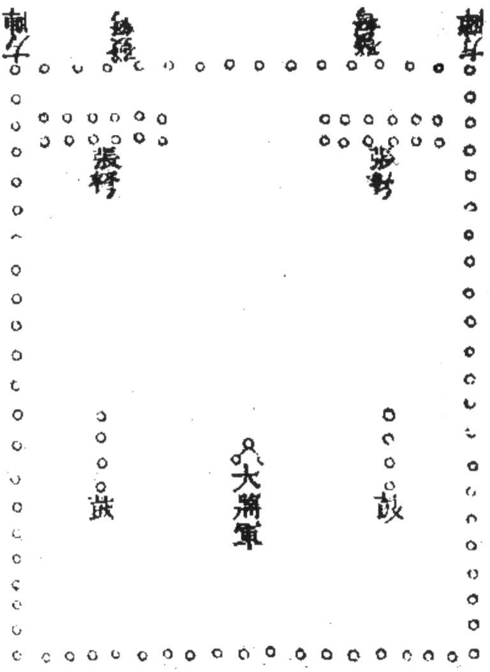

張弩後左廂丁字立當弩八字立高揎手垂衫襟左手承撞右手迎上當心開張張有闊狹左髀右轉○通典轉作髆還復當心

安箭高舉射賊若遠高擡弩頭賊若近平身放左右有賊迴身放賊在高處挈脚放放箭訖喝殺卻掣拗蝎尾覆弩還著地

合而爲一陣圖篇第七十一○舊抄本原圖錯亂參圖說及張刻本改正

經曰從一陣之中離爲八陣從八陣復合而爲一○此句依張刻本補聽音望麾以出四奇飛龍虎翼鳥翔蛇蟠爲四奇陣天地風雲爲四正陣夫善戰者以正合以奇勝奇正相生○奇正二字依張刻本補此用孫武子兵勢篇文如循環之無端孰能窮之奇爲陽正爲陰陰陽相薄而四時行焉奇爲剛正爲柔剛柔相得而萬物成焉奇正之用萬物無所不勝焉所謂合者卽合奇正八陣而爲一也○此二句依張刻本補

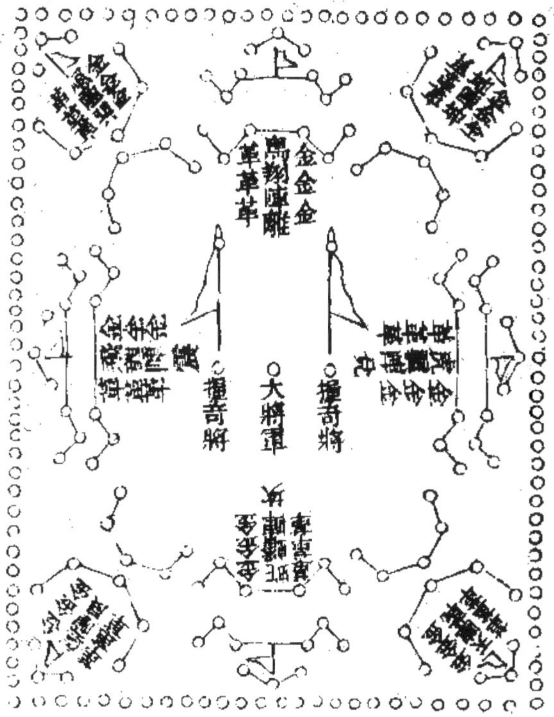
握奇將
大將軍
握奇將

離而爲八陣圖篇第七十二

經曰風后演握奇圖自一陣之中分爲八陣天有衝或圓布

黃帝曰天陣圖〇御覽三百一引作少則爲圖張刻本無爲字利爲主色尙元爲乾

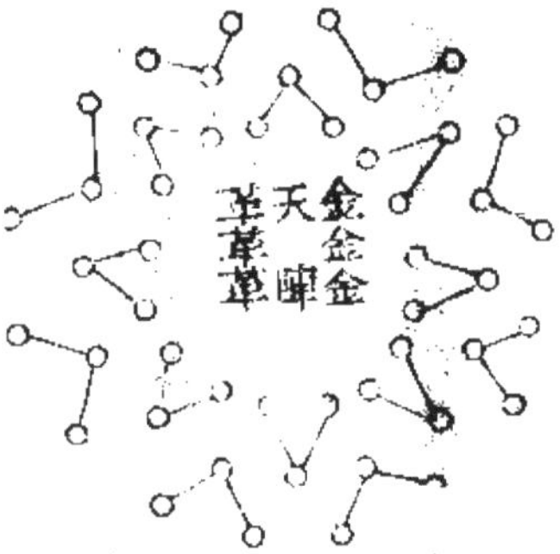

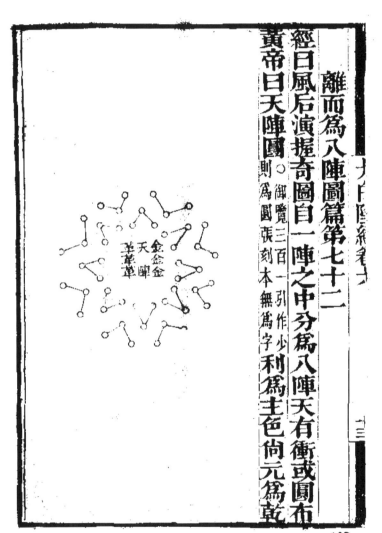

地陣方○御覽壯則為方上有黃帝云三字利為客色尚黃為坤

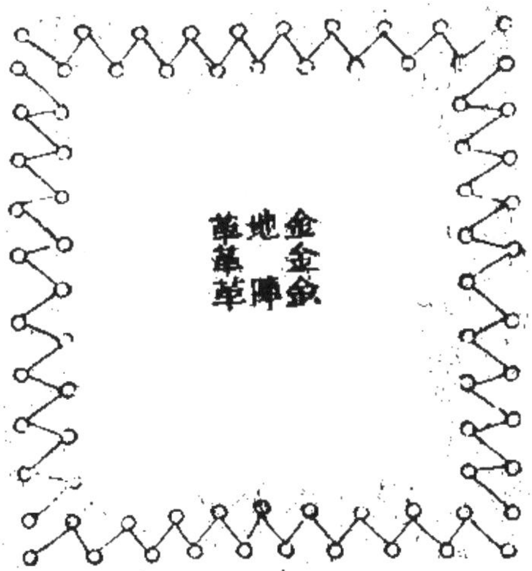

風附于天風象○御覽此下有峯字其形銳首利為客色尚赤為頭

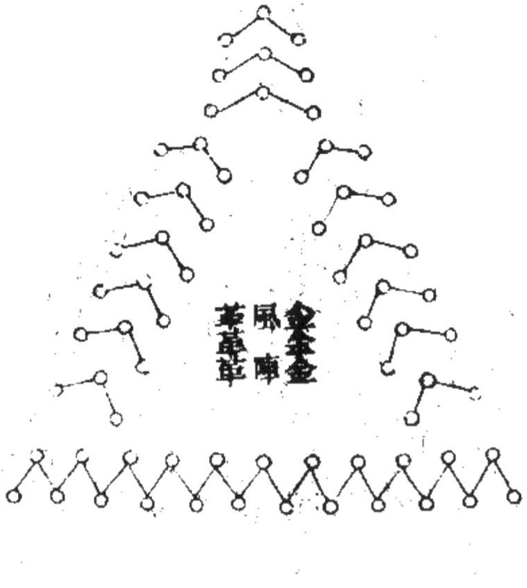

雲附于地太公曰左右相向是也其形銳首利為客色尚白為坎

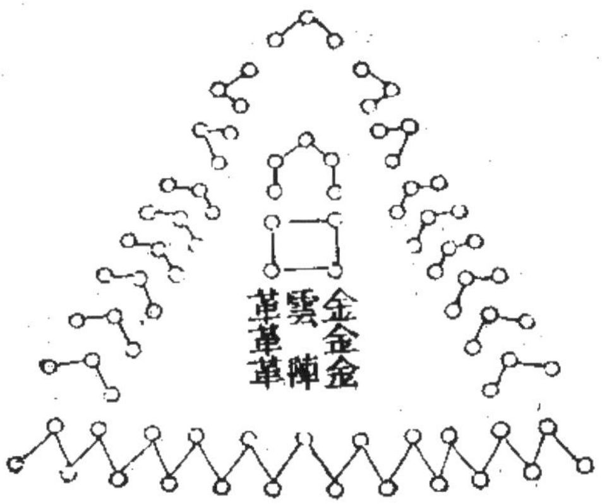

飛龍其形屈曲似龍○張刻本云龍形屈曲變化莫測其陣象之敵亦莫得而測也利爲主

色上元下赤爲震

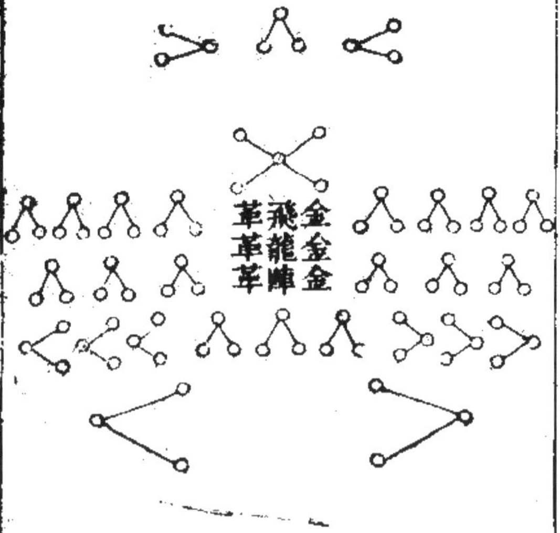

虎翼居中法翼而進其形空。御覽法作張空作豨利爲主色上黃下青爲兌

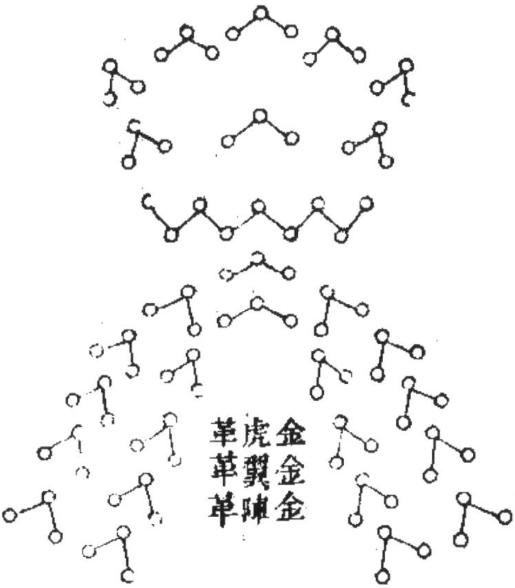

鳥翔太公曰鳥翔者突擊之義也其形迅急利為客邑上元下白為離○此下二圖舊抄本傳寫錯亂姑從張刻本

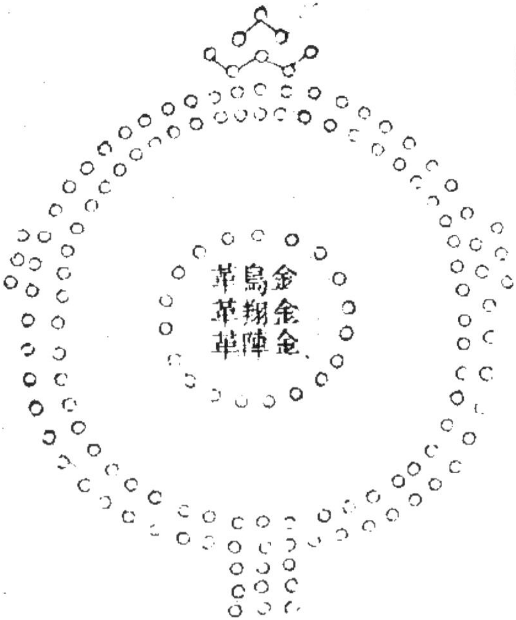

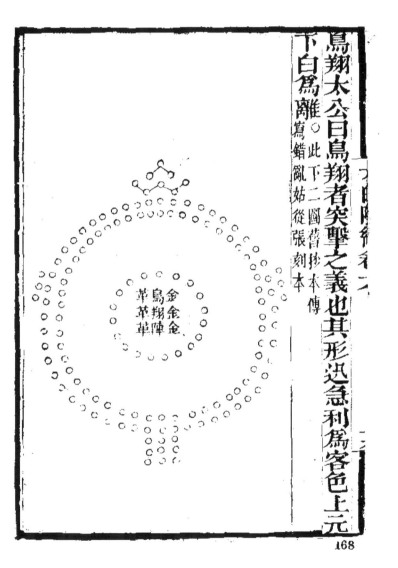

蛇蟠太公曰蛇蟠者圍繞之義也。繞字依御覽補其形宛轉利爲主色上黃下赤爲艮

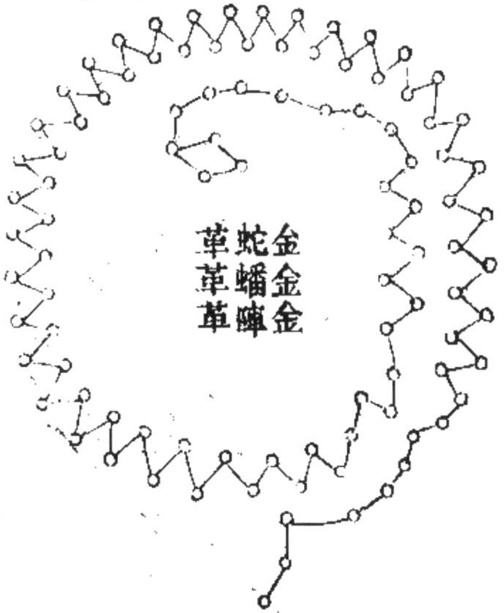

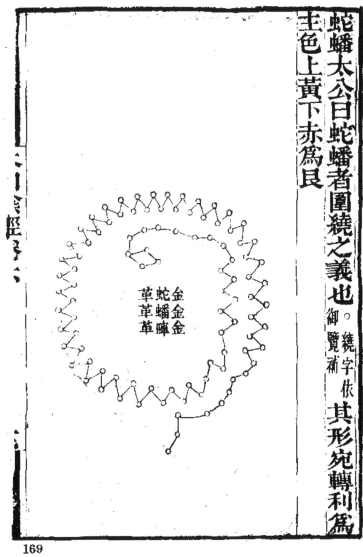

神機制敵太白陰經卷之八終。

神機制敵太白陰經卷七

祭文總序○此下舊抄本並脫去以文瀾閣本參張刻補篇題閣本作祭文提書藥方總序按序文中不及提書藥方故依張刻本刪正

經曰古者天子望于山川徧于羣神諸侯祭其封內興雲出雨之山川神祇出師皆祭○出師二字依張刻本補並所過名山大川福及生人神祇爾雅云是類是禡○爾是字閣本並作既依張刻本改與爾雅合師祭也既伯既禱馬祭也師初出則禡軍之牙門禱馬羣毗蚩尤氏造五兵制旗鼓師出亦祭之其名山大川風伯雨師並所過則祭不過則否毗沙門神本西胡法佛說四天王則北方天王也于闐城有廟身被金甲右手持戟左手擎塔祇從羣神殊形異狀胡人事之往年吐蕃圍于闐○此下原有吐蕃人三字今依

張本夜見金人被髮持戟行于城上吐蕃衆數十萬悉患瘡疾莫能勝兵又化黑鼠咬弓弦無不斷絶吐蕃扶病而遁國家知其神乃詔於邊方立廟元帥亦圖其形于旗上號曰神旗出居旗節之前故軍出而祭之至今府州縣多立天王廟焉一本云昔吐蕃圍安西北庭表奏求救唐元宗曰安西去京師一萬二千里須八月方到到則無及矣左右請召不空三藏令請毘沙門天王師至請帝執香爐師誦眞言帝忽見甲士立前帝問不空不空曰天王遣二子獨揵將兵（張刻本作獨健領兵）救安西來辭陛下後安西奏云城東北三十里雲霧中見兵人各長一丈約五六里至酉時鳴鼓角震三百里停二日康居等五國抽兵彼營中有金鼠咬弓弩弦器械並損須臾

北樓天王現身

禡牙文篇第七十三

維某年歲次某甲某月朔某日某將軍某敢以牲牢之奠告於牙軍之神。（此軍字張刻本作旗）曰在昔三皇無師五帝有師所以伐姦凶禦桀驁封豕逞凶。（張刻本作薦食）長蛇流毒寇掠我生聚殘害我邊陲我君恥不祥之器以伐謀爲兵愛不戢而屈人借前箸爲籌策。（籌字依張刻本補）遂得東夷貢矢西旅獻獒川明海澄。（張刻本作晏）歷有年矣今戎狄遺噍虺蝎遠出。（原作起蝎遠出今依張刻本）紂犬吠堯獍集狠顧。（集字依張刻本補）天子授我斧鉞錫我彤弓鑾門分閫使專征伐惟爾乃神翼茲威武左霹靂右雷公天乙在前太乙在後風雹雨霰克勝羣醜枹鼓未揮元凶授首惟

爾英靈來歆旨酒

禡馬文篇第七十四

維某年歲次某甲某月朔某日某將軍某謹以清酌少牢之奠祭爾羣牧馬之神曰古者庖犧氏作服牛乘馬引重致遠以代人勞爾能節齊和鸞舉應鼙鼓（○應字依張刻本補）陷矢石殞奔禽聲嘶而涼風立至影滅而浮雲猶見穆滿八駿足迹接于瑤池王良駟馬人事標于天漢國家恩覃八埏光宅九土（○原本八作無九作有並依張刻本改）王化潛謐（○張刻本皇仁四臨）白旗來庭浮鐵沈毛貢金納𦋺（○張刻本作罽）而豺狼難厭反首逆鱗學三苗之不恭慕九黎之亂德叛而不討何以示威天子齋壇揚拜飛將將軍身衛剸戈（○原作彫戚依張刻本改）手提金鼓揮陣雲（○張刻本作清風）以出塞

乘明月而渡河誓將揮種埋落擒魑摛魅火烈具舉我武維揚。張刻本疾如飄風惟爾馬神使我馬肥風馳電轉龍驤虎奔。原作龍驤魚奔今依張刻本晶甲霜明草木皆偃飛矢星落江河斡旋一舉成功投戈脫甲示不復用休爾於華山之陽而已矣。張刻本無此三字

祭蚩尤文篇第七十五

維某年歲次某甲某月朔某日某將軍某謹以牲牢之奠祭爾炎帝之後蚩尤之神曰。此字依前爾篇例補後並同太古之初風尚敦素拓石為弩。張刻本摭石為刃弦木為弧今乃爍金為兵割革為甲樹旗幟建鼓鼙為戈矛為戟盾聖人御宇奄有寰海。此二句張刻本作至人奄有寰宇四征不庭服強畏威伐叛誅暴制五兵之利為萬國之資皇帝子育群生義征不德。張刻本作惠戎狄凶狡蟻聚要

荒今六師戒嚴恭行天罰神之不昧。原作人之不昧今依張刻本景福來臻使鼉鼓增氣熊旌佐威邑無堅城野無橫陣如飛霜而捲木如拔山而壓卵火烈風掃戎夏大同允我一人之德由爾五兵之功。原衍而已二字依張刻本刪

祭名山大川文篇第七十六

祭名山文

維某年歲次某甲某月朔某日某將軍某謹以清酌少牢之奠敬祭於某山之神曰惟神聰明正直禍盈福謙亭育黎庶作鎮一方。原本黎庶作黎氓一方作方土今並依張刻本 國家天覆地載罔不宅心航海梯山來賓咸服。張刻本囘首內向獨彼凶醜千百成羣滔天虐人竊邊猾夏天階其禍養成其凶皇帝取亂侮亡兼弱攻

昧赫斯怒奮雷霆濁潰轟宏風捲電掣今則萬騎雲會八陣戎裝頓軍峰巒樵蘇林麓天道助順人情好謙天人共憤神鑑孔明何不雲蒸霧鬱○張刻本蒸雲鬱霧轉石飛沙助我軍威金師克獲牲牢匪馨明德惟馨

祭大川文

維某年歲次某甲某月朔某日某將軍某謹以少牢敬祭於某川之神曰惟神植德靈長善利萬物其柔也沈鴻毛沒纖芥其剛也轉巨石截橫山塹南限北決東奔西○張刻本源吳蕩越隔華隔夷避高就下兵法形焉我君奄有萬國德洽四方伐叛懷遠同文齊武是以扶餘肅慎左衽來庭夜郎滇池辮髮從事惟彼凶虜敢干天常負固憑山搖蜂蠆之毒乘危走險奮螳螂

之贊（○張刻本作威）天子授我廟算不戰而屈人之兵士卒與我一心間敵有死難之志神居五行之長爲百瀆之源藏蛟躍龍興雲致雨今大軍利涉全師既行（○張刻本作濟川）何不竭海若吐天吳驅風伯逐鯨魚使波無漣漪厲有淺深成將軍之功（○張刻本作事）贊天子之威

祭風伯雨師文篇第七十七

祭風伯文

維某年歲次某甲某月朔某日某將軍某謹以牲牢清酌祭于風伯之神曰惟神道出地戶迹遍天涯東溫而倚冰澌散西烈則百卉摧殘鼓怒而走石飛沙翻江倒海安靜則雲屯浪息綻柳開花暢百物以敷蘇使八方而寧謐達庶人之理

暢大王之雄國家至德深仁豚魚服信杜絕奸慝○張刻本左衽被髮

混一車書海晏河清遠安邇肅惟彼凶孽尚肆憑陵恃鳥合

之衆○以下文例之此下當脫一句將蜂屯之徒險憑蟻壤蜉蝣朝菌嘗我

天誅張刻本嘗作逆曉露晨霜延彼性命○原作延爾將命今依張刻本皇帝子

育羣生○原作道惡殺人今依張刻本鞠養萬品乃威以斧鉞懷以惠和先

聲屆遂後殿臨境兩軍相見八陣將施惟爾神明號吼颶颷

拔木偃草使旌旗指敵飛沙走石○此下當脫一句飛泰山之形晝

不見於虜目震雷霆之響近不聞於虜耳蒙袂僵仆款我轅

門兵不血刃而華戎寧謐矣○原作而中外同風而已今依張刻本

祭雨師文

維某年歲次某甲某月朔某日○此二字依前後文例補某將軍某謹以

牲牢之奠致祭於雨師之神曰惟神薄陰陽而成氣馭風雲而施德威合風雷則未木盡偃恩覃霧露則卉物敷榮昆陽惡盈蕩新室之衆龜茲助順濟全涼之師其賞善也如此其罰惡也如彼國家大業醇被休德洽如懷生之倫盡荷明德而戎胡偏強草竊遐荒使謀臣不得高枕武士不遑脫甲天子瞋目按劍發驍勇誅不道天下士衆猋集星馳氣騰青雲精貫白日票究穴覆梟巢惟神何不傾湫倒海以助天威蕩寇濤雠以張軍勢按劒則日中見斗揮戈而曜靈再晡○張刻本作不晡壯戎軍之氣乃爾神之功

祭毘沙門天王文篇第七十八

維某年歲次某甲某月朔某日某將軍某謹稽首以明香淨

水楊枝油燈乳粥酥蜜粽糭供養北方大聖毘沙天王之神曰伏惟作鎭北方護念萬物衆生悖逆肆以誅夷如來涅槃委之佛法是以寶塔在手金甲被身威凛商秋德融湛露五部神鬼八方妖精殊形異狀襟帶羽毛或三面而六手或一面而四目矃顏如藍磔髮似火牙崒嵂而出口爪鉤兜而露骨視雷電喘雲雨吸風飆噴霜雹其叱咤也豁大海拔須彌○原本誤作豁眉依張刻本改摧風輪粉鐵圍並隨指呼咸賴驅策國家欽若釋教護法降魔萬國歸心十方向化惟彼胡虜尚敢昏迷肉食邊氓漁獵亭障天子出師問罪要荒天王宣發大悲之心軫護念之力殲彼凶惡助我甲兵○原作助我甲兵殲彼凶頑今依張刻本使才斗不驚太白無芒雖事集於邊將而功歸於天王○原衍哉字依

張刻本刪

捷書類 此行依張刻本補

露布篇第七十九

某道節度使某牒上中書省門下破逆賊某乙下兵馬使告捷事得都知兵馬使某牒稱今月某日某時於某山川採見賊兵與戰俘斬略盡今乘勝逐北未暇點拔殺獲生級器械牛馬續節申上者天威遠播 張刻本大逆斷數 狂寇敗亡將靖烟塵同增歡抃謹差某乙馳驛告捷具狀牒上中書門下謹牒某年某月某日某官牒

判官某官某行軍司馬某使某官某道節度使奏破某賊露布事拔賊某城若干所生擒首領某人若干斬大將若干級

斬首若干級獲賊馬若干匹甲若干領旗若干面弓弩若干張箭若干隻鎗牌若干面衣裝若干事件應得者具言之。此條原連上文今依張刻本析之下條同

中書門下尚書兵部某道節度使某官臣某言臣聞黃帝興涿鹿之師堯舜有阪泉。原有丹水二字依張刻本刪之役雖道高于千古猶不免于四征。兩于字依張刻本補我國家德過唐虞功格區夏。張刻本作宇宙蠢茲狂狄昏迷不恭犬羊成羣犯我亭障臣今令都知兵馬使某官某都統馬步若干人爲前鋒左右再任虞侯某官某領强弩若干人爲奇兵于某處設伏虞候總管某領陌刀若干人爲後勁節度副使某官某領蕃漢子弟若干人爲中軍遊騎以某月日時于某山川與賊大軍相遇塵埃漲

空旋旗蔽野臣令都知兵馬使某官某大將軍當其衝左右虞候張兩翼勢欲酣戰伏兵竊發賊衆驚駭虞候某強弩陌刀相繼而至鋒刃所加流血漂杵弩矢所及轍亂旗靡（此四句張刻本作白刃霜飛紅血星濺）賊人棄甲曳兵而走我軍逐北者五十里自寅至酉經若干陣所有殺獲具件如前人功何能天功是賴臣謹差先鋒將某官某奉露布以聞特望宣布中外用光史冊臣某頓首謹言某年某月某日掌書記某官臣某上

藥方類（此行依張刻本補）

治人藥方篇第八十

經曰藥者和草木之性治人寒熱燥濕之病道達經脈通理三關九候五藏六府扶衰補虛夫稱人多厲疫屯久人氣鬱

熱○人字依張刻本補或病癰瘻瘡痢金瘡墮馬隨軍備用藥與方所
必須也茲錄于左

療時行熱病方

梔子二十枚 乾薑五兩 茵蔯三兩 升麻三兩 大黃五兩 芒硝五兩

右六味爲末米汁調服空心三錢匕須臾利不利則暖粥
投之利多服漿水止之陰陽毒不可服

療赤斑子瘡

梔子二十枚 茈胡三兩 黃芩三兩 芒硝五兩○張刻本多茵蔯

右爲細末飯飲調下三錢匕以利爲度

療天行病方

瓜蔞四十九粒○張刻本作瓜蒂 丁香四十九粒 赤小豆四十九粒

右爲末井花水調服空心方寸匕次兩鼻中各搐此散一大豆許須臾鼻出黃水吐利良久乃愈○據此文則作瓜蒂者爲是

療瘧疾方

鱉甲三兩　常山二兩　甘草二兩　松羅二兩○張刻本無甘草

右爲末用烏梅煎湯調服方寸匕日二服少加之以吐爲度如不差服後方

當歸六味散

當歸　白朮　細辛以上各五兩　桂心三兩　大黃五兩　朴硝八兩熬

右爲末平旦空心服方寸匕加之以利爲度

療溫瘧者可服鬼箭十味九方

甘草　丁香　細辛　蜀椒　烏梅肉各三兩　地骨皮　橘

皮各四兩 白朮 當歸各五兩 鬼箭二兩

右爲細末煉蜜爲丸如梧桐子大每服十五丸烏梅湯送下再服加至三十丸三五日後覺腹中熱以粥飲壓之

療痢病方

黃連 黃芩各五兩 黃耆 黃柏各四兩 龍骨八兩

右五味爲散空心米飲下方寸匕日再加至三寸匕止

療穀痢方

白朮六兩 附子四枚炮去皮 乾薑四兩炮 細辛五兩 油麴末一升熬變色○張文本作神麯

右爲末以粥飲如前法

療血痢方

阿膠炒 黃柏炙各四兩 乾薑 艾葉各三兩 犀角末五兩

右爲末如前法服

療膿血痢方

黃耆六兩 赤石脂八兩 艾葉三兩 厚朴炙三兩 乾薑煨三兩

右爲末服法如前

治霍亂方

巴豆一兩去殼 乾薑炮三兩 大黃五兩

右爲末煉蜜爲丸如梧桐子大米飲服三丸以利爲度不利以粥湯投之

治腳轉筋方

生薑一兩○此四字依張刻本補 拍碎水煎五合服之卽愈本方云

生薑一斤煎二升半服之

入戰辟五兵不傷人方

雄黃一兩 白礬二兩 鬼箭一兩 羚羊角燒二分半 竈中土三分○張刻本無此味

右爲末以雞子黃並雞冠血爲丸如杏子大置一丸於小囊中繫腰間及膊上勿令離身亦辟一切毒

療馬齒毒方

灰汁數斗暖者洗瘡處愈又以馬糞汁亦可

療馬膿垢着人作瘡方

馬鞭稍二寸燒灰飛鼠七枚各燒灰敷之

療金瘡方因發者及傷裂突出腸方○方因發者四字似有誤張刻本云治金瘡傷因乏及腸出者方

黃耆 當歸 芎藭 白芷 續斷 黃芩 細辛 乾
薑 附子 芍藥各三兩○張刻本無細辛有鹿茸
右爲末先飲酒醉次服五錢匕日三服又云服半錢匕日
三服加至方寸匕效
療金刃中骨脈中不出方
白歛 半夏各等分
右爲末酒服方寸匕日三服至二十日自出立愈
療金瘡傷中破驚方○驚字訛張刻本云治金瘡破腹方
火燒葱取汁塗之立愈亦用女人中衣舊者以殘炙熨之
爲愈
療馬墜損有瘀血在腹內方

生地黃五升研爛以酒揹汁一盞日三服愈又方地黃二升搗令爛以無灰酒半升煮二三沸重戸地暖飲之常令醺醺

療馬墜折傷手腳骨痛方

搗大麻子根○張刻本作大麻根下同并葉取汁服之氣下乃蘇若無大麻根葉研子溫酒服亦可

治馬藥方篇第八十一

經曰馬有四百八病○張刻本作百四十八病蓋在調冷熱之宜適牧放之性○此句依張刻本補常加休息不可忽覩之也馬之係于軍也至矣重矣○自不可忽覩以下並依張刻本補

春夏常灑馬方

鬱金　芎藭　當歸　大黃　升麻　黃連　細辛
今方不用當歸芎藭細辛却入黃柏吳藍青黛梔子秋冬
加官桂乾薑共爲末○已上張刻本但云右各等分爲末每灌七錢蜜油各
一合湯半升攪勻灌之其冷氣則加乾薑官桂各一兩今
多以○張刻本無此三字糯米煑粥半升油五合猪脂四兩蜜三兩
○張刻本無此味旱飲了喫之候日色温來日復喫之

馬熱不食水草方

芒硝　鬱金○張刻本注等分
右每灌七錢入酥半兩水一升攪勻灌之又云刺帶脉出
血良

治馬漏蹄方

先以刀劃令穩便次以髮灰羊脂塡了以黃蠟封固之

療馬內黃不食水草顫喘臥數起口張喘急頸微垂利方

青黛二兩 大黃二兩 白鹽五合

右爲末每灌三匕○張刻本作三錢 油蜜各一合溫水一升灌之立愈馬有黑汗出臥不起汗流如珠顫喘氣急嘗汗淡即死鹹即不死取人汗襪燒湯挼濃汁灌三升差又方刀子割馬尾小頭作十字使出血以人糞塗之艮或燒人糞以亂髮附之差

療馬轉胞不大小便方

以人糞並大蒜橘湯成膏納尿孔內則立尿又纏馬腹於後蹄間挽之令跳自止○張刻本跳下有胞字止作轉

療馬結草方

以熱手捻令結消不消以火灸之掃帚柄築之

療馬蟲顙方

桑根皮　大棗肉　葶藶子各一兩熬令黃另研作膏

右和勻水三升灌之一時辰令低頭滴鼻中惡物愈次以大黃油雞子清灌之又曰桑白皮一握舊乾者棗五十枚煮取穰葶藶子六兩熬令黃以水六升桑根大棗並煮取一大升汁去滓內葶藶子膏攪勻相得更煎取强半停令冷暖得所分爲兩度灌所患之鼻如人行八九里一灌乾地著草繫頭底卽出鼻中惡物令甚走又以大黃油雞子清灌之愈○又曰以下似後人從他書錄入張刻本無此文

終

神機制敵太白陰經卷八

雜占總序

經曰天文者懸六合之休咎兵書者著六軍之成敗今約一戰之事編爲篇目其餘災變略而不書夫天道遠而人道邇人道謀而陰（○而字依下句例當作於）故曰神成於陽故曰明人有神明謂之聖人夫聖人者與天地合其德與日月合其明與四時合其序與鬼神合其吉凶故曰先天而天弗違後天而奉天時天且弗違而況于人乎況于鬼神乎人若謀成策貝（○張刻本作完）則天地日月四時鬼神皆合之人若謀缺策敗則雖使大撓步歷黃帝拔元（○拔字疑）甘德占星巫咸望氣務成災變風后孤虛欲幸其勝未之有也蓋天道助順所以存而不亡若將

賢士銳誅暴救弱以義征不義以有道伐無道以直取曲以智攻愚何患乎天文哉可博而解不可執而拘也

占日篇第八十二

經曰日者實也光明盛實布照四方神靈御之葵藿向之太陽之精積而成象光明外發體魄內含故人君法之吉凶禍變則必照臨下土

日珥者拜大將軍一曰（二字依張刻本補）有軍在野珥南則南勝珥北則北勝東西準此

日兩珥相對（原本珥作軍又脫日字依張刻本補正）將欲解和

日暈而珥外軍凶

日抱暈隨抱軍勝

日有白足破軍殺將

日有背氣色青赤曲向外爲背叛之象其下有叛臣將軍守邊有二心

日有玦氣似背有枝直向外如山字兩軍相當所臨者敗

日有暈氣傍日周員中赤外青○（外原作內依張刻本改）軍營之象對敵之士色濃厚者隨方軍勝

日月皆暈兵陣不合七日暈不解不可起兵暈而珥外兵凶

日抱暈而珥者易上將

日暈而玦者○（張刻本玦作袂下同）兩軍相當隨玦兵敗

日暈而直氣在旁所臨軍勝

日暈而背虹珥反直而貫之者順虹擊之大勝

兩軍相當日有冠纓者和解抱戴大喜

日暈而有兩珥在內外者並有雲聚不出三日下有圍城

占月篇第八十三○占月下原有氣色二字依前後例刪

經曰○二字依前後篇例補月者闕也盈極必缺太陰之精積而成象光以照夜女主之義比德刑罰吉凶休咎以警戒于下土

月有暈先起兵者勝

月暈抱戴有赤色在外外人勝在內內人勝

月暈歲星○二字原作抱戴今依張刻本赤色明客勝

火入月守色惡客敗色明客勝

月暈鎭星不明主人勝色明客勝

月暈太白色不明主人勝色明客勝

月暈辰星不明主人勝明客勝
月暈亢先起兵有喜且勝
暈出月蝕凶
月暈房犍大風起
月暈參伐兵起有暈不勝

占五星篇第八十四○此下四篇原本並不分段今依張刻本析之

經曰五星者昊天上帝之使也稟受帝命各司其職雖幽潛深遠罔不悉及之故福德佑助禍淫威刑或順軌而守常或錯亂而表異光芒角變色動衰盛居留干犯勾衝掩滅所以告示下土

凡五星各有常色本體吉歲星青熒惑赤如參左角狀鎮星黃太

白白如五車大星辰星黑○原本此下有凡五星青爲飢憂赤國爲旱交爭黃熟女主吉白兵喪黑水疾二十四字與末條大同小異似後人從他書錄入張刻本無此文

凡五星黃角兵交爭赤角犯我城白角有邊兵青角憂愁生黑角死喪行

凡五星色變常者青憂白兵赤旱黑喪黃則天下大熟○此句原本惟有黃熟二字今依張刻本

歲星占

木乘金偏將軍死

木金合鬭將死

木守七星天下起兵

木乘昴國有憂番主死

木入畢中邊起兵
木犯畢附耳起兵
木守參伐有兵
木犯井起兵
木經柳有兵
木守軫罷兵
木入軫大將軍興兵吉
木入五車兵起
木守羽林兵起
木犯參旗大將軍出征凶

營惑占

火用宜背火在鶉火之次宜背午地他皆倣此
火犯木土爲大戰傳云亡偏將軍
熒惑環太白偏將軍死
火與太白相連而鬬破軍殺將客勝
火入太白中上出破軍殺將客勝
火所不利先火起○此七字費解張刻本無之犯左右角有兵
火守亢有兵
火入亢有兵水災
火入房馬貴火出房馬賤
火入糠兵起
火犯南斗破軍殺將一年災主死中國飢

火入牛破軍殺將越主死
火入須女入危兵起
火犯東壁伏兵起
火守昴胡人不安入昴匈奴破期三年
火犯畢左角大戰右角小戰五星犯畢邊兵起
火犯附耳兵起
火犯觜趙凶兵起犯參兵起
火入東井一星將軍野戰死
火犯輿鬼兵起
火守七星外有兵起
火乘張有兵火與張合兵起火守張大將軍驚

火犯翼邊兵起

火入軫有兵

火行南河界有邊兵

火犯太微上將上將亡次相次相亡。張刻本云火犯太微宮門左左大將亡犯右右大將亡

火犯角大臣亂而有憂

火入亢有白衣會主將死人多疾疫

火入氐主兵起失國天子惡赦吉

火犯心戰不勝大將亡絕嗣大臣亂主出營有哭泣

火入尾臣下妖淫年多妖祥大亂

火入箕穀大貴妃后惡之燕主死

火入虛齊王死相出走兵罷
火犯畢人疫臣反主崩大水兵起
火入壁魏主死天下兵起留壁二十日有土功米貴女主惡
之
火犯奎魯王凶大水大疫大臣謀主
火犯婁有暴兵死主大飢盜賊起
火犯胃趙有大兵主大勝
火犯鬼執法有誅天下大疫有女喪大赦吉
火犯柳有土功
火犯星大臣亂易服色

鎮星占

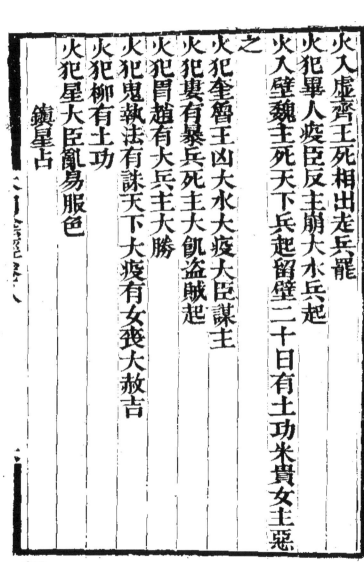

土犯左角大將戰死水災土守右角兵路不通

土守亢有兵臣下反

土守糠大兵起

土入天廟有兵起

土守虛出入有客兵至不過五日自去

土入奎兵起

土入婁邊兵起天下凶

土入胃客軍敗主軍勝

土入昴番人爲亂番主死

土入觜兵起

土逆行守參有胡兵

土守井○原作牛今依張刻本越兵起
土出入胃舍七星兵起負海大濱
土守張多盜賊兵起興土功
土入軫兵發而自敗
土入天庫有兵
土守南河蠻夷起兵邊界有憂
土出東掖門爲將事東出德門出西掖門爲將守事西出刑事○按此有脫誤開元占經引石氏曰塡星出東掖門爲受將命東南出德事也出西掖門爲將受命西南出刑事也
土犯氐星皇后憂宮人死天下大疫
土犯房天下相伐皇妃亡胡兵起
土犯心天子絶嗣將相死放大赦修德吉

土犯尾天下不安后妃惡之

土犯箕大亂女主憂民流亡大兵起

土犯斗其國失地先水後旱○水字依張刻本補大臣逆亂

土犯牛有奸賊牛馬棄于道天下急宜赦

土犯女更法令天子喜有女喪

土犯虛有刑令大憂○此二字張刻本作一日有客兵鈇鉞用

土入危天下亂國亡將死人哭泣

土入室關梁不通貴人死女子恣橫

土犯壁遠方大貢○張刻本有一日二字國大水天下立主

土犯畢令不行將相亡

土入觜相死兵大起侵死有反者

土犯參多水旱邊兵起
土入井水旱大臣死
土犯鬼多戮死秦地有反

太白占

太白一名長庚西方金德白虎之精招攜之使其性剛其義斷○原脫剛字其字依張刻本補其事收其時秋其日庚辛其辰申酉其帝少昊其神蓐收太白主兵馬爲大將軍爲威勢爲割斷爲殺伐故用占之是以重述其德異於常星也

金體大而色白光明而潤澤所在之地兵強國昌兵出則出兵入則入順之吉逆之凶出高深入吉淺入凶先起勝出下淺入吉深入凶後起勝

金晝見有軍軍罷無軍軍起
金出東方始出爲德月未盡三日在月南得行在月北失行是謂反生不有破軍必有屠城北國當之
金出東方月未盡三日○張刻本盡作望在月北負海之國不勝在月南中國勝○原作中邦不勝下又有在月北敗爲失行金入火必敗兵二句按金在月北之占已見上文故依張刻本刪正
金出西方爲德月三日金在月北負海之國大勝在月南中國不勝○原作負海之國敗今依張刻本與上條一例
金與月相夾有兵拔城偏將大戰金與月共出守者屠城
金與列宿相犯小戰與五星相犯大戰金在南南軍勝在北北軍勝

金出東方舉事用兵順之吉逆之凶西南北皆倣此
金守南斗三十日夷狄來侵
金入羽林兵起
金蝕昴畢胡王死
金光暗戰不勝將軍死
金變色戰勝（○張刻本作戰不勝）隨方色而占之色青主東方他皆倣
此
金入月客軍大敗野有死將
金白而角交可戰赤而角武不可與戰金與木合無怒必戰
金應出而不出應入而不入此爲失舍不有破軍必有死將
所受之邦不可與戰未當出而出未當入而入必有敗軍子

野金受十日後將軍死
金初大後小兵弱初小後大兵强
金有角兵敢戰吉不戰凶順角指處擊之吉逆凶
金行遲兵遲金行速兵速金大行用兵疾吉遲凶金入則兵入出則兵出兵行法此
金未一東一西害侯王一南一北兵乃伏
金犯畢左角左將死○此下原有金入月客將死二句按金入月之占已見前故依張刻本刪正
金出而水從金水俱出東方東軍勝俱出東方西軍勝若水居金前前軍罷水居金南大戰在金北小戰金進則兵進退則兵退金出未高而敵深者勿與戰去而勿追
金赤角兵戰白角軍起黑角軍罷青角軍憂白角文主國喪

軍亡隨角所指處應
金晝見是謂經天金犯五星有大兵起犯火大戰在南南勝他皆倣此
金犯角大戰不勝將軍死
金干亢大戰不勝將軍死○原在下條後今移正
金臨房赤色有兵戰
金入留守尾兵起于野將士滿道
金入南斗將軍死金犯南斗必破軍○此下原衍將字今刪正
金犯牽牛將軍失其衆守牽牛兵起
金入危犯守有兵起
金入營室暴兵滿野將軍死

金犯東壁大兵起
金入奎兵起一日外國兵入○此六字原作國兵來入外不可解今依張刻本
金犯婁將軍功
金犯胃兵起
金守昴胡王死四夷憂
金犯畢邊兵起金犯畢左角番兵大戰金入畢馬貴兵有傷
金犯觜兵起鈇鉞用
金守參邊兵起左右肩大將憂金犯參伐兵起
金守東井將軍惡之金入東井大兵起
金犯輿鬼大兵起○原在下條後今移正
金入柳大兵起盜地

金犯七星將軍出塞○原在下條後今移正

金入翼大將死天下兵起

金犯軫其國出軍得地

辰星占

水土合爲覆軍

水出東方大而白有兵在外解

金水俱在東方負海國勝

水入月主人敗兵亡地

水金合旗出○張刻本無此二字破軍殺將客勝視其所指以命破軍

水環繞太白與兵大戰客勝主人敗

水遇金其間可容劍小戰則客勝

水出太白左小戰曆太白又去三尺大戰水在金北利主人
在金南利客
水守房番兵敗水守婁番兵起
水干昴夷狄兵起
水守心大臣相殺大水異姓立王
水犯尾大水
水犯箕有赦若守左角勋色貴臣戮死
水犯斗大臣誅一曰兵守赤色天下敗兵犯斗○張刻本無此十二字
五穀不成
水守女有婚娶事萬物不成犯虛天下亂多水
水犯危大水有後喪○張刻本作女主喪臣謀君主

水犯室有兵大水
水犯壁刑法苛朝廷有憂犯奎有火爲害
水乘昴出其北胡王死中國大水
水入畢有兵出北胡王憂出南中國憂
水犯觜發兵
水守參伐星移南南蠻下移北北胡侵
水入東井星進兵進星退兵退
水犯輿鬼兵起水入庫○張刻本有攙字兵起
水入柳牛馬貴
水犯星臣下亂
水守張兵起大水

水入翼中刑及賢相大凶○張刻本云兵大作大臣殺僇

水犯軫大兵起○張刻本云有大臣喪萬物不成

水犯角大水舟航相望

水犯亢大水○張刻本作大疫

水干犯五車星兵起水留心南河兵起西方

占流星篇第八十五

經曰夫流星者天之使也自上而降下曰流自下而升上曰飛大者曰奔星小者曰流星星大則使大○此句星字原在下句末依張刻本移置此星小則使小此謂紫微宮太微宮出入而徐行漸經于列宿之次也或于列星之坐○此下原有為使也聲大怒之象行疾則兵疾行遲則兵遲十七字與上下文不相屬今依張刻本非二宮所出者並為妖星

流星赤色有角者四夷有兵前赤後黑兵敗將亡
流星入參不出先起者勝後起者敗
流星干七星者兵起
流星入建星者色青兵起
流星入河鼓者大將軍亡出河鼓兵出入河鼓兵入○張刻本無此十字
流星入王良馬盡驚
流星入天將軍中驚流星入將入星出將出
流星入紫微宮匈奴兵起
流星入三台大將出
流星入騎官騎官死

流星入羽林兵大起

流星抵北落兵大起

流星出天宮匈奴兵起

流星抵天市垣大將出

流星抵天狗犯弧矢將有千里之行

流星出天廐兵馬出

占客星篇第八十六

經曰客星者非本位之星故曰客星也色白如氣勃勃然似粉絮故所過之宿分野必有災害

客星出營室無兵則兵起有兵則兵敗

客星入奎破軍殺將

客星犯婁〇張刻本作李胡人亂
客星入昴胡人犯塞
客星入畢邊有急兵
客星干觜城堡虛軍儲少軍民餓死
客星守張〇張刻本有主大風三字將軍有陰謀兵起
客星入招搖番兵大起
客星入天槍中兵起
客星入天棓兵起
客星犯文昌將星色蒼將有憂色赤將驚色黃將有喜色黑
將死
客星守傳舍胡人入中國

客星守天雞天下兵馬盡驚

客星守天街胡王死

客星入庫樓與守南門○張刻本作南河守軍市守老人皆主兵起

客星守騎官將憂士卒散

客星入北落師門虜人入塞兵起

客星入天倉粟大貴

客星入天廐兵起馬死

客星入天弓天下弓弩皆張

客星出天弓○張刻本作天宮匈奴兵起

客星守狼夷狄來降

客星守弧南夷降

客星守車騎西羌來降
客星守九州殊口貿海國不安
客星入天節番王死
占妖星篇第八十七
經曰妖星者五星之餘氣也結而爲妖殊形異狀內多吉少
所見之分必有災害
奔星所墜之下有大兵來
流星前赤後黑客兵敗散
流星從敵營上來我軍上銳者有間諜來說吾兵
流星尾長三四尺者輝輝然軍使也色赤者將軍使也
流星色青赤有光尾長三四尺者名曰天雁將軍之精華也

兵從星所指者勝
流星色蒼白爲使色赤有兵色黑將死
飛星如大甕後大曉然白○張刻本無此五字前卑後高所謂頓頑大
將死邑削
飛星後化雲者名曰大滑流血積骨之象
枉矢類流星色青蛇形如矢而枉道所指將軍死
天狗如奔星有聲墜如火光炎炎燭天其下有積尸流血狗
來食之

占雲氣篇第八十八

經曰天地相感陰陽相薄謂之氣久積而成雲皆物形于下
而氣應于上是以荆軻入秦白虹貫日高祖在沛形雲上覆

積蓄之氣而成宮闕精之積必形于雲之氣故曰占氣而知其事望雲而知其人也

猛將氣

猛將之氣如龍如虎在殺氣中猛將欲行先發此氣如無將行當有暴兵起吉凶以日神占之○張刻本神作辰

猛將之氣如烟如霧沸如火光照夜猛將之處有赤白氣相遶猛將之氣如山林如竹木色如紫蓋如門樓上黑下赤如旌旗如張弩如塵埃頭尖本大而高○張刻本多下有伏兵句兩軍相當敵軍器上氣如囷倉正白見日愈明此皆猛將之氣不可擊也

敵人營上氣黃白潤澤將有威德不可擊也氣青白而高將

勇大戰前白如卑後青如高將怯士勇前大後尖小將怯不明

敵上氣黑中赤在前者將精悍不可當

敵上氣青而疏散者將怯然軍上氣發漸漸如雲裏山形將有陰謀不可擊若在吾軍之上速戰大勝

敵上氣如蛟蛇向人此猛將之氣不可當若在吾軍之上速戰大勝

勝軍氣

氣如火光如山隄如塵埃粉沸如黃白旌旗無風而飄揮指敵此勝軍之氣所在不可擊

雲氣如三匹帛前橫後大如樓椽如赤色者所在兵銳不可

擊
軍上有氣如人持斧如蛇舉首而向敵者皆勝軍氣如匹帛者此助勝之氣所在不可擊
軍上氣如覆舟如牽牛如鬬雞所在不可擊
軍上有五色氣連天不可擊（此條依張刻本補）
軍上有雲氣如華蓋如飛鳥如伏虎所在不可擊
軍上氣如五馬頸低尾高如杵如赤馬在黑氣中如黑人在赤氣中如杵在黑雲中如人十十五五旌旗在黑氣中赤色在前者皆精悍不可擊

敗軍氣

敗軍之氣如馬肝如死灰如偃蓋如臥魚乍見乍隱如霧之

朦朧此衰氣出若居敵上宜急擊之

雲氣如壞山從軍營而墜軍必敗

雲氣自黃昏發○原本但有氣昏發三字依張刻本補正連夜照人則軍士散亂

軍上有氣一斷一續者軍必敗

軍上黑雲如牛狀如猪脂如羣羊○張刻本云軍上有黑雲氣狀若牛猪羣羊名曰瓦解之氣軍必敗

軍上有雲氣如雙蛇急擊勿失

軍上氣如塵灰如粉如烟雲霧勃勃撩亂者軍必敗

軍上有五色雜氣東西南北不定者或如羣鳥亂飛或紛紛如轉蓬或如敗船或如卧人無手足或如覆車散亂不起者皆敗軍之氣擊之必克○此下悉依文淵閣本其張刻本與閣本文全異今不具列

軍上氣上大下小者士卒日減
軍上十日無氣者其軍必敗
軍上十月無氣忽有赤白氣乍出即滅者外聲欲戰實欲退
散宜擊之
軍上氣出而半絕者欲散漸盡去走一絕一敗再絕再敗三
絕三敗在東發白氣災深赤氣如火光從天而降入軍中兵
亂將死
軍上氣蒼須臾散盡或前高後卑或黑氣如牛馬形從雲氣
中漸入軍中名曰天狗食血其軍散敗
兩軍相當十里之內三里之外望彼軍上氣高而前白後青
者敗氣也

雲氣如人頭雞兔臨軍上雲益蔽濛晝晦者宜急走不然必敗

軍上氣先青而後黑者其將必死

散軍之氣如燃生草之烟前雖銳而後必退

軍上氣如丹蛇者如尾在雲霧中臨軍上者中人與外人通

軍行有白氣如豬來臨者大驚宜備

日暈有氣如死蛇屬暈者不利先鋒

日暈旁有赤雲如懸鐘其下有死將

日月暈有背所臨者敗

白虹及蜺入營者敗

日暈有四玦在外軍悉敗散日暈薄及後至先去其下敗軍

來降
氣如人十十五五皆低頭叉手相向或氣如黑山以爲緣者
白氣如鳥趣入屯營連絡不絕須臾下者當有來降

城壘氣

正白如旌旗或白氣如旗而赤界其邊或氣出于外如火烟
或有雲分爲兩截狀如城壘皆堅而不可攻
白氣如城中南北出者城中黑氣如星名曰軍精急宜解去
赤雲或黃雲臨城城中喜青雲從軍城南北出者不可攻
城中有雲青色如牛頭觸人外向者城中有氣出東其光黃
大堅城也
白氣中出青氣入北反覆回還不可攻

凡攻城圍邑過旬不雷不雨者爲城輔勿攻

城壘氣出于外如烟火者或如雙蛇擧首向敵或赤氣如杵自城中出向外內兵突出客敗

凡攻城有諸氣自城出兵不得入

濛氣繞城而不入城外兵不得入

日暈有靑氣從中出四起者圍中勝

凡攻城有黑氣臨城上者積土固險之狀黑者水之氣城池之象也我據城敵不可攻敵據城我不可攻

凡圍城平旦視圍上氣鬱鬱如火光芒其勢翕翕然者其方救至無者救不至受圍者望外救亦以此占

伏兵氣

氣如赤杵幢節在烏雲中或如烏人在赤氣中或黑氣渾渾
圓而赤氣在其中或白氣紛沸起如樓狀其下皆有伏兵若
軍行近山谷之間林坑甚防之
雲紛紛綿綿相絞及似蒿草長數尺者以車騎為伏兵如布
席似蒿草長尺許者以步卒為伏兵
黑雲出營南賊逃我後有伏兵謹候察之
兩軍相當赤氣伏兵氣若前有赤氣則前有伏兵後有赤氣
則後有伏兵左右亦如之
黑雲變赤及白形如山者有伏兵雲如山林或前黑氣後有
白氣者有伏兵

暴兵氣

白氣如瓜蔓連結部隊相逐須臾罷而復出或如八九而來不絕者有急賊至

白氣如仙人衣千萬連結部隊相逐罷而復興當有千里兵至

黑氣從彼來我軍者欲襲我也急宜備不宜戰敵還從而擊之必得小勝

天色蒼茫而有此氣依支干數內無風雨所發之方必有暴兵日克時則凶時克日則自消散此氣所發之方當有事告急一人來則氣一條依數計之若散漫一方必有衆至依日支干數內有風雨則不應

伏兵氣如人持刀盾或有雲如坐人赤色所臨城邑有猝兵

至
赤氣如人持節雲如方虹或如赤虹其下暴兵至或如旌旗
如虎躍如人行或白氣如道帶竟天或白虹所出或赤雲如
火或雲如匹布著天經丑未者天下多兵赤者尤甚
有雲如畨人列陣或白氣廣五六丈東西竟天有雲如豹五
六枚相聚或如狗四五枚相聚四方清明獨有赤雲赫然者
所見之地兵起
四望無雲獨有黑雲極天名曰天溝主兵起
壬子日候四方無雲獨有雲如旌旗其下兵起徧四方天下
兵起
雲氣一道上白下黃白色如布匹長數丈或上黃下白如旗

狀長二三丈或長氣純如赤而委曲一道如布匹皆謂之蚩尤旗見兵大起

戰陣氣

氣如人無頭如死人如丹蛇赤氣隨之必有大戰殺將

四望無雲獨有赤雲如狗入營其下必有流血或獨見赤雲如立蛇或赤雲如覆舟其下大戰

白虹或赤屈虹見城營上其下大戰流血

白氣如車入北斗中轉移者大戰雲如耕隴大戰

日旁黑氣如虹或白氣如虹交見兩軍相當必交戰無軍兵起

四五六虹見大戰

日月有赤雲截之如大杵軍在外萬人戰死兩軍相當不利先舉
月初滿而蝕有軍必戰
蒼白雲氣經天其下有拔城大戰
赤氣漫漫如血色有大戰流血

陰謀氣

氣白而羣行徘徊結陣而來者他國人來相圖謀也不可忽應視其所往隨而伐之得利
黑氣如幢出于營中上黑下黃敵欲來求戰而無誠實言信相反七日內必覺備之吉
黑氣臨我軍上如車輪行敵人謀亂國有小臣勾引宜察之

黑氣如引牽來如陣前銳者有陰謀

天沉陰不雨晝不見日夜不見星月三日以上者陰謀也將軍宜慎防左右

連陰十日亂風四起欲雨不雨其名曰濛為臣謀君

天陰沉日月無光有雲障之不雨此君臣俱有陰謀兩敵相當則陰謀也君晝晴夜陰臣謀君晝陰夜晴君謀臣

四夷氣○此條依張刻本補

東夷之氣如樹西夷之氣如屋南夷之氣如樓臺或如舟航北狄之氣如牛羊或如穹廬

遠近氣

氣初出桑榆一千五百里平觀一千里仰視中天一百里平

望桑榆二千里登高下屬三千里○此條依張刻本補

凡候氣之法氣初出時若雲非雲似霧非霧彷彿若可見初出森森然若高五六尺者是千五百里以外氣也

凡候敵上氣敵在東日出候之敵在西日入候之敵在南日中候之敵在北夜半候之

欲知我軍氣常以甲己日及庚子戊午日未日亥日及八月十八日去軍十里登高望之但百人以上則皆有氣

凡氣欲似甑出炊氣勃勃而上升外積結成形而後可占氣不結積散漫不定不能爲災祥亦必和雜殺氣森森然乃可論也

凡軍城上氣安則人安氣不安則人不安氣盛則兵盛氣衰

則中衰氣散則衆散
凡氣得旺相色吉休囚色凶
軍上氣高勝下厚勝薄實勝虛長勝短澤勝枯
凡占災祥先推九宮分野六壬日月不應陰霧風雨其占乃
準
凡候氣多假日月之光所照耀而形故暈珥抱背皆出日月
之旁虹蜺相象莫不因日而見是故晝候日旁夜候月旁輝
光所燭無得而隱矣
凡氣見近三日遠七日內有大風雨則不應災祥故曰風以
散之雨以解之
凡軍行先覩其氣兵有勝負氣有盛衰氣銳兵強氣伏兵弱

兵行氣行兵止氣止兵急氣急兵散氣沒故曰氣是兵主風是兵苗爲將者不可不知也

分野占○此下文瀾閣本亦脫去依張刻本補張本題下並不著篇數今仍之

經曰天有二十八宿爲十二次在地爲十二辰配十二月至於九州分野各有攸係上下相應故可得而占識之

角亢

鄭之分于辰在辰爲壽星于野在潁川父城定陵襄城潁陽陽翟汝南宏農城父新安宜陽河南新鄭屬兗州

氐房心

宋之分于辰在卯爲大火于野在楚州山陽清平濟陽東郡須昌壽陽睢陽定陶等郡屬豫州

尾箕

燕之分于辰在寅爲析木于野在漁陽北平遼東遼西上谷代郡鴈門涿郡范陽新城固安良鄉涿州昌黎渤海安定朝那樂浪元菟易定屬幽州

南斗牽牛

吳之分于辰在丑爲星紀于野在會稽九江丹陽豫章廣陵廬江安陸臨淮蒼梧鬱林桂陽合浦交趾九眞日南南海屬揚州

須女虛

齊之分于辰在子爲元枵于野在高密城陽泰山濟南平原屬靑州

危室壁
衛之分于辰在亥爲娵訾于野在魏郡黎陽河內朝歌濮
陽屬并州
奎婁
魯之分于辰在戌爲降婁于野在東海泗州陰陵曲阜屬
徐州
胃昴
趙之分于辰在酉爲大梁于野在信都眞定常山中山鉅
鹿高陽廣平河間武邑文安清河內黃斥邱太原定襄雲
中五原朔方上黨邯鄲屬冀州
畢觜參

魏之分于辰在申爲實沈于野在高陵河東河內陳留汝南新野舞陽河南開封陽武屬益州

井鬼

秦之分于辰在未爲鶉首于野在弘農京兆扶風馮翊北地上郡西河安定天水隴西蜀郡廣漢武威張掖酒泉燉煌屬雍州

柳星張

周之分于辰在午爲鶉火于野在河南洛陽平陰偃師鞏縣三河屬豫州

翼軫

楚之分于辰在巳爲鶉尾于野在南郡江陵零陵桂陽武

陵長沙漢中汝南南中屬荊州

風角

巽爲風申明號令陰陽之使也發示休咎動彰神教春官保章氏以十二風察天地之妖祥故金縢未啟表拔木之徵玉帛方交起偃禾之異宋襄失德六鷁退飛仰武將焚巽鳥先唱此皆一時之事且興師十萬相持數年日費千金而爭一旦之勝負鄉導之說間諜之詞取之於人尚猶不信豈一風動葉獨鳥鳴空而舉六軍投不測之國欲幸全勝未或可知謀既在人風鳥參驗亦存而不棄

夫占風角取雞羽八兩懸于五丈竿上置營中以候八風之雲凡風起初遲後疾則遠來風初疾後遲則近來風動葉十

里搖枝百里鳴枝二百里墜葉三百里折小枝四百里折大枝五百里飛石千里拔木五千里三日三夜遍天下二日二夜半天下一日一夜及千里半日半夜五百里

五音占風

宮風聲如牛吼空中　徵風聲如奔馬

商風聲如離羣之鳥　羽風聲如擊濕鼓之音

角風聲如千人之語

子午爲宮　丑未寅申爲徵　卯酉爲羽

辰戌爲商　巳亥爲角

宮風發屋折木未年兵作

徵風發屋折木四方告急

商風發屋折木有急兵
羽風發屋折木米價貴
角風發屋折木有急盜賊戰鬬
歲月日時陰德陽德自處陰德在十二干陽德在天
歲月日時子刑卯卯刑子丑刑戌戌刑未未刑丑寅刑巳巳
刑申申刑寅辰午酉亥各自相刑
子丑寅巳申爲刑上卯戌未爲刑下
風從刑下來禍淺刑上來禍深　三刑爲刑上刑下自刑
凡災風之來多挾殺氣蔽日濁塵飛埃
凡祥風之來多與德氣并日色晴朗天氣溫涼風氣索索不
動塵平行而過

凡申子爲貪狼主欺紿不信亡財遇盜賊主攻劫人
巳酉爲寬大主福祿主貴人君子
亥卯爲陰賊主戰鬬殺傷謀反大逆
寅午爲廉貞主賓客禮儀嫁娶
丑戌爲公正主報仇怨主兵
辰未爲奸邪主驚恐
貪狼之日風從寬大上來〇此下原衍及寬大上來五字參虎鈐經删所主之言〇言疑占仍
以貪狼參說吉凶他倣此
有旋風入幕折干戈壞帳幙必有盜賊入營將軍必死
旋風從三刑上來其兵不可當有風從王氣上來官軍勝
大寒大勝小寒小勝

凡風蓬勃四方起或有觸地皆爲逆風則有暴兵作寅時作
主人逆辰時作主兵逆午時發左右逆戌時發外賊逆
宮日大風從角上來有急兵來圍至日中折木者城陷
羽日大風暝日無光有圍城客軍勝
陰賊日風從陰賊上來大寒有自相殺者
商日大風從四季上來有賊攻城關梁不通

鳥情占

經曰巳酉爲寬大之日時加巳酉鳥鳴其上有酒食時加寅午有酒食辭讓時加丑戌有酒食口舌時加亥卯有酒食相害時加辰未有酒食婦人口舌時加申子有酒食爭財

寅午爲廉貞之日時加寅午鳥鳴其上有誅諍責讓時加巳

也○此條標目似誤然則上當有脱文其門下疑脱亦字

假令陽遁用天元中元七局甲已之日夜半生甲子時以驚門加第七宮雞鳴爲乙丑即以驚門加八宮盡癸酉十時皆以驚門加宮至寅戊○二字亦誤甲戌則移生門加宮而[illegible]奇門所在及爲吉凶成敗按而詳之他倣此陰遁則逆數

凡子加子直符直事各伏其位名曰伏吟子加午直符直事各易其位名曰反吟雖致奇門吉宿皆凶惟可以納財

凡三奇之日宜以出行奇者乙丙丁皆爲吉干與善神并故無凶耳若開休生三吉門有天上三奇合之臨一方即其方之門爲吉道路淸虛可以出行修畢百事皆吉

假令用陽遁天元一局甲已之日日出爲丁卯天乙直符在

亥卯爲陰賊之日時加亥卯鳥鳴其上有羣賊大議休廢囚
死鬬傷時加巳酉有婦人奸私相傷時加丑戌有吏逐賊
時加寅午有婦人奸淫相傷時加辰未申子有賊攻討
右諸陰日有鳥羣飛飄飄從鬼門四季上來更時加四季
主有搜索皆爲鬬傷事

神機制敵太白陰經卷八

神機制敵太白陰經卷九

遁甲總序〇原脫總序二字今校補

經曰黃帝征蚩尤七十二戰而不克晝夢金人引領長頭衣元狐之裘而言曰某天帝之使授符于帝帝驚悟求其符不得乃問風后力牧力牧曰此天帝也乃於盛水之陽築壇祭之俄有元龜巨鼇從水中出含符致于壇而去似皮非皮似綈非綈以血爲文曰天乙在前太乙在後黃帝受符再拜於是設九宮置八門布三奇六儀爲陰陽二遁凡一千八百局名曰天乙遁甲式三門發五將具而征蚩尤以斬之蚩尤者炎帝之後與少昊治西方主金兄弟十八人日尋干戈恃甲兵之利殘暴不仁聞黃帝獨王于中央將欲勝四帝恃甲兵

於涿鹿黃帝至道之精其神無所倚其心無所適淡然與萬物合其一天道虧盈而益謙乃授黃帝神符而勝之使黃帝行蚩尤之暴蚩尤行黃帝之道則蚩尤得符而勝黃帝矣黃帝因蚩尤之暴則黃帝得符而勝蚩尤矣天道助順所以授黃帝符者欲啟聖人之心賛聖人之事也吉凶成敗在乎道不在乎符今取其一家之書以備參攷耳。篇前原題課式二字案課式在後此乃總序也今刪正

日辰

甲乙仲　甲乙季　甲乙孟。三乙字疑當作已

六甲

甲子乙丑至癸亥中間甲戌甲申甲午甲辰甲寅并甲子爲

六甲也

五子遁元

甲己之日夜半生甲子乙庚之日夜半生丙子丙辛之日夜半生戊子丁壬之日夜半生庚子戊癸之日夜半生壬子

陽遁	遁元	仲	孟	季	陰遁	遁元	仲	孟	季

坎　冬至一七四　小寒二八五　大寒三九六

艮　立春八五二　雨水九六三　驚蟄一七四

震　春分三九六　清明四一七　穀雨五二八

巽　立夏四一七　小滿五二八　芒種六三九

離　夏至九三六　小暑八二五　大暑七一四

坤　立秋二五八　處暑一四七　白露九三六

兌　秋分七一四　寒露六九三　霜降五八二
乾　立冬六九三　小雪五八二　大雪四七一
陽遁冬至後第一甲子爲上元第二甲子爲中元第三甲子
爲下元　逆布三奇順布六儀
陰遁夏至後第一甲子爲上元第二甲子爲中元第三甲子
爲下元　順布三奇逆布六儀
陽遁元用坎艮震巽四卦四卦各四十五日十二氣合一百
八十日
陰遁元用離坤兌乾四卦四卦各四十五日十二氣合一百
八十日
五日六十時爲一元五日竟一氣一氣用一元上中下陰

陽二遁三百六十日當一歲之用其五日四分之一各用
中元以通餘閏始終用之然則冬至閏餘二五八
經曰以通閏餘始終用之各用二五八是已五日之丙與
日合者
凡用遁之法當知九星明九宮定八門審直符直事
九星
天蓬水常主一 天芮土常主二天冲木常主三天輔木常主
四天禽土常主五天心金常主六天柱土常主七天任土
常主八天英火常主九
九宮
坎爲一宮坤爲二宮震爲三宮巽爲四宮中五宮乾爲六宮

兌爲七宮艮爲八宮離爲九宮

八門

休門常主一　死門常主二傷門常主三杜門常主四開門常主六驚門常主七生門常主八景門常主九

直符

直符者六甲六儀是也甲子常爲六戊甲戌常爲六己甲申常爲六庚甲午常爲六辛甲辰常爲六壬甲寅常爲六癸

三奇

乙爲日奇　丙爲月奇　丁爲星奇

直事

直事者直八門事也常以直符加直事上門加直事授出入

之語○句似有誤 故以其門名之直事五日一易局十時一易符十時一易事

課式

凡課式之法常以直符加時干直符者六甲也時干者時下所用之干也假令陽用天元上元一局甲巳之日夜半生甲子卽子在甲時也援以直符天蓬加北方六戊所以加六戊者以甲子常爲六戊故也雞鳴乙丑援以天蓬直符加南方六乙盡癸酉十時皆以天蓬加乎至寅戊○此二字有誤甲戌則轉直符用天芮他皆倣此此其陽遁可知○此下當有脫誤陰遁逆行 以直符直事加宮直事者直事上之門也時干者時下所得之宮也然則直符十時一易其門十時一易

也○此條標目似誤然則上當有脫文其門下疑脫亦字
假令陽遁用天元中元七局甲己之日夜半生甲子即以驚
門加第七宮雞鳴爲乙丑即以驚門加八宮盡癸酉十時
皆以驚門加宮至寅戊○二字亦誤甲戌則移生門加宮而□奇門所
在及爲吉凶成敗按而詳之他倣此陰遁則逆數
凡子加子直符直事各伏其位名曰伏吟子加午直符直事
各易其位名曰反吟雖致奇門吉宿皆凶惟可以納財
凡三奇之日宜以出行奇者乙丙丁皆爲吉干與善神并故
無凶耳若開休生三吉門有天上三奇合之臨一方即其
方之門爲吉道路淸虛可以出行修舉百事皆吉
假令用陽遁天元一局甲己之日日出爲丁卯天乙直符在

四宮開門臨震三宮下有六乙與日奇合東方出行吉生
門臨離九宮有六丁與星奇南方可以出行其陰遁可知
凡三奇直使者爲三奇得六甲所使奇也卽乙爲甲戌甲子
使丙爲甲寅甲申使丁爲甲辰甲寅使三奇爲吉門合得
此時者爲尤良
假令陽遁用天元上元一局用甲己之日日入癸酉天乙直
使在一宮以直符天蓬加六癸休門直事加一宮北方休
門下有六丙日奇而臨甲子[redacted]六丙所使者是也他皆倣
此
凡三奇與生門合太陰合得人遁奇與休門合爲天遁奇與
開門合得地遁奇與太陰所合皆吉常以六丁所合爲太

陰天乙后二宮亦名太陰

假令陽遁天元上元一局甲戌在坤宮爲直事前二宮乾六甲在二宮天乙在后二宮皆合于六宮故曰巽遁用陽他倣此○此條有脫誤

又生門與六乙合得人遁奇休門與六丁合得地遁奇開門與六丙合得天遁奇所合之宮所向皆吉

又生門與六乙合得天遁奇開門與六丙合得地遁奇休門與六丁合而在直符前三宮爲得人遁奇天遁奇者爲日精華所蔽地遁奇者爲月精華所蔽人遁奇者爲太陰之氣所蔽此時可以隱匿逃亡蔽蓋此宮有事出行吉

凡三奇合太陰而無吉門名曰有陰無門有門合太陰而無

奇名曰有門無奇有吉門而無奇陰名曰有奇無陰皆可
從之吉但避五刑舉事但從三吉而去若不得三奇并吉
門者但三奇所加百事從之吉
又三奇在陽宜爲客在陰宜爲主若欲見貴人求財舉事出
自奇門合生門吉若力勝舉百事出自奇門合開門吉若
欲求陰私舉百事出自奇門合休門吉
凡三奇遊于六儀利爲公私和會之事謂乙丙丁遊于六甲
之上若甲寅有乙卯甲子有庚午此爲玉女守門戶之時
也天乙合會利爲其事要在三奇[illegible]在六儀者三奇吉門
合太陰[illegible]以勝光小吉從魁加地四戶是謂福倉遠行
出入移徙皆吉

凡欲遠行出入舉百事逃亡當令天三門加地四戶出其下
吉天三門者太冲從魁小吉是也地四戶者除定危開是
也
假令正月建寅卽卯爲除午爲定酉爲危子爲開他倣此太
冲從魁小吉天之私門六合太陰太常地之私戶此[redacted]臨
開休生三奇吉門從之出入遠行舉百事皆大吉又以月
將加時上視之勿忘太冲太冲者天門也卒有急難天門
出吉凡三奇入墓凶不用
假令六乙日奇雖得日奇未時不可出謂乙屬木木墓在未
也丙丁火火墓在戌戌時不可出
一云六乙臨二宮六丙六丁臨六宮入墓出三奇吉門勿令

五刑魁星螣蛇白虎在其[illegible]

凡九天之上可以力勝九地之下可以伏藏太陰之中可以潛形六合之中可以逃亡即直符後一所臨之宮爲九天後二所臨之宮爲九地前二所臨之宮爲太陰前三所臨之宮爲六合

假令陽遁直符臨九宮則九天在四宮九地在三宮太陰在七宮六合在六宮他皆放此陰陽皆用天遁爲奇其九天臨甲九地臨癸太陰臨丁六合臨巳爲大吉

凡六儀擊刑皆不可用

假令陽遁甲子天蓬爲直符加卯時爲擊刑謂子卯刑故也雖得奇門吉宿不可用三刑者子刑卯卯刑子丑刑戌戌

刑未未刑丑寅刑巳巳刑申申刑寅辰午酉亥四位自刑

凡六庚加直符名天乙伏宮格亦名天乙留符格直符加六庚名天乙飛宮格亦名天乙行符與太白格六庚加天乙名太白與天乙格戰于野若天乙與六庚同宮名天乙與太白格戰於國　六庚加天乙宮者謂臨太乙所在地宮也天乙與六庚同宮者謂此同地宮也凶時也

凡六庚加金日亦名伏干格亦名本宮干格之日干格加六庚名飛干格此凶時不可為百事伏干格之時內外人取之占賊見之占人在占格則不往占人來占格則不來

凡六庚加歲干為歲格月干為月格日干為日格　一曰六庚加三奇為時格不加三奇非時格六庚加六巳名刑格易

地千里車破馬驚不利舉百事凶

凡六庚加六丙名曰太白入熒惑六丙加六庚名熒惑入太白二蓬相入皆凶時得奇門吉宿亦不可舉百事凶

凡六丙加直符爲勃謂天上六丙加庚直符也及天乙宫加六丙亦名爲勃同六庚所加之義

凡時下及天乙直使所在得吉宿者吉得凶宿者凶時下得吉宿謂直符所勝加○疑時下所得三星此謂吉宿也

假令陽遁天元上元一局甲巳之日平旦爲丙寅卽以直符加六丙六丙在八宫八宫爲天任是謂時下得天任星也

他倣此

天乙所在吉宿者假令陽遁天元上元一局甲巳之日夜半

生甲子甲子爲天蓬節以天乙直使在天蓬宿雞鳴爲乙
丑乙丑爲天芮節以天乙直使爲天芮宿
凡吉宿者天輔天禽天心爲大吉天冲天任爲小吉凶宿者
天蓬天芮爲大凶天英天柱爲小凶大凶者有旺相氣變
爲小凶小凶者有旺相氣變爲平其吉宿有旺相氣大吉
凡六甲加六丙爲青龍返首六丙加六甲爲朱雀跌穴此二
時可以造舉百事又會三奇八門者爲大吉太乙經曰六
丙加六庚爲孛六辛加六乙爲白虎猖狂六乙加六庚名
青龍逃走六癸加六丁名螣蛇夭矯六丁加六癸名朱雀
入江不可舉百事皆凶時也
凡時下得乙未丙戌辛丑甲辰戊辰名入墓時不得出入舉

百事

凡天道不遠三五復反假令陽遁用天元上元一局甲巳之日平旦爲丙寅三卽三在寅也戊辰五卽五在辰也他倣此

其陽遁可出入舉百事當趨三避五可以名天道凡出行者亦可參用元女式三宮法所出之門有螣蛇白虎皆須避之不可犯大凶○此下原衍亭亭皆謂六乙之時時下得乙吉也十四字下十一字見時加六乙條與上不屬今删

時逢六庚抱木而行强有出者必有鬬爭謂六庚之時時下得庚凶也○此下四條當在時加六巳條後疑錯簡

時逢六辛行逢死人强有出者罪罰纏身謂六辛之時時下得辛凶也

時逢六壬爲吏所擒强有出者非禍所勝謂六壬之時時下得壬凶也

時逢六癸衆人所覘不知六癸出門則死謂六癸之時時下得癸凶也

凡時下得天蓬宜安居保國修築營壘主不利客凶神也

時下得天芮宜崇道修德統接朋儕凶神也

時下得天冲不利舉事凶神也

時下得天輔宜守道調理凶神也

時下得天禽宜祭祀求福以滅羣惡吉神也

時下得天心宜避疾求仙君子吉小人凶凶神也

時下得天柱宜居守自固藏形隱迹凶神也

時下得天任宜請謁賞賀通達財利吉神也
時下得天英宜道行出入進酒作樂嫁娶筵宴吉神也
太乙貴神可向不可背白姦者天大姦神不可向可背也
又曰六丁爲六甲陰能知此道日月可陸沉可呼六丁神名
凡六合之中六巳謂六巳之位皆在六合之中也行陰密
隱祕潛伏之術皆從天公上○疑六巳所臨用之
凡天輔之時有罪勿殺斧鉞在前天乙救之謂甲巳之日時
加巳乙庚之日時加申丙辛之日時加午丁壬之日時加
辰戊癸之日時加寅此時有罪自然光輝亦宜此時拔人
之繫縛
一日甲巳之日時下謂巳丁壬之日時下謂辰戊癸之日時

下謂申爲天輔之時也

凡天綱四張萬物盡傷謂時得六癸也此時不可造作百事

又神有高下必須避也　假令天綱在一宮神高一尺在

二宮神高二尺踰越避之

凡天罡加四孟天乙在內宜處百事天罡加四仲天乙在門

出處百事皆敗天罡加四季天乙在外宜出行百事皆吉

他倣此

凡要事在三宮在天乙大吉加四仲名玉堂時天乙理事於

玉堂之中欲出行當此之時百事可利逃亡者得

神后加四仲名明堂時天乙出遊門垣之外遊行四野當

此之時舉造百事皆吉逃亡者得

徵明加四季名曰絳宮天乙伏藏於深宮之中行於私宴
當此之時不可出行逃亡者皆得用
凡天乙之理于三宮四時迭用要在于天乙大神背之必敗
當從向克
春三月天乙大神理于玉堂宮大吉是也大吉爲生氣其
冲小吉爲百鬼死
夏三月天乙大神理于明堂宮神后是也神后爲王坐其
冲勝光爲貧
秋冬三月天乙大神理于絳宮徵明是也徵明爲常生其
冲太乙爲積刑
凡出入往來青龍上明堂出天門入地戶四入太華中即華

蓋若天藏天獄天牢愼不可犯

凡六甲爲青龍可以建福六乙爲蓬星可以建德六丙爲明堂可以出入六戊爲天門可以往來六已爲地戶可以伏藏天乙至三內神之宮六庚爲天獄六辛爲天庭六壬爲天牢天藏之中爲六癸可以隱藏也

凡九天之神在六甲朱雀之神在六丙太陰之神在六丁勾陳之神在六乙六合之神在六已白虎之神在六庚元武之神在六辛入地之神在六癸凡欲逃亡隱匿必須從天門入地戶又參之以太冲從魁小吉六合太陰加地戶將出入往來無能見者欲去者出天門而去欲藏者入地戶而藏太陰之中凡欲逃避百鬼當出天門入地戶中吉

凡欲行山中宿令虎狼鬼賊不敢近者出天門入地戶中吉夫開門遁伏休門生聚生門利息景門上書杜門閉絕死門射獵驚門恐迫傷門傷害避惡伏匿背杜門向開門吉出行移徙遷官受職入官視事背景門向休門吉有所掩襲欲塞奸邪背開門向杜門吉三奇吉門合天輔天心天禽出入大吉出入開門宜見大將軍出休門宜見長吏出生門宜見帝王公卿出傷門宜捕獵征伐出杜門宜邀遮隱匿誅伐亡逆出景門宜上壽出死門宜喪葬弔唁出驚門宜掩捕鬪訟

凡時加六甲一開一闔上下交接謂六甲之時時下得伏吟時也

時加六乙一往一來恍惚俱出謂六乙之時時下得乙吉
也
時加六丙道逢淸甯求之大勝謂六丙之時時下得丙吉
也
時加六丁出幽入冥永無禍侵謂六丁之時時下得丁吉
也
時加六戊乘龍萬里當從天上六戊出 挾 天 武 而行
吉也
時加六己如神所使不知六己欲行且止謂六己之時時
下得己凶也

向背擇日

經曰征伐皆有向背知之者勝不知者敗其太歲太陰將軍月建日時大時小時亭亭白姦遊都太乙黃旛豹尾五帝六符生神死神大雄死地雌日德孤虛歲月日時刑殺大小審而用之可以知其勝負易其成敗其臨○疑有脫誤神者惟死神地雌虛星可向白姦亦可向

推五星所在法

常以天罡加太歲視亥上神為歲星午上神為鎮星酉上神為太白子上神為辰星五星所在之次國不可伐大暑如此為星有遲速跳伏以七曜算之方定太歲月日時下之辰不可向○午上神疑當為熒惑鎮星上似有脫文

凡小時月逢大時月正月卯二月子三月酉四月午左行四

仲周而復始

凡遊都正月丙二月丁三月[illegible]四月庚

推行八干四角天乙依元女式

所[illegible]月遊者一名刑法己酉月理艮宮六日乙卯月理震宮五日庚申月理巽宮六日丙寅月理離宮五日辛未月理坤宮六日丁丑月理兌宮五日壬午月理乾宮六日戊子月理坎宮五日陽歲以大吉陰歲以小吉○依龍首經天乙日遊法月並當作日

推因建黃道法

常以正七月加子二八月加寅三九月加辰四十月加午五月十一月加申六月十二月加戌

凡天罡下爲建建爲青龍黃道次神太乙卽爲除除爲明堂

黃道次神勝光卽爲滿滿爲天刑黑道次神小吉卽爲平
平爲朱雀黑道次神傳送爲定定爲金匱黃道次神從魁
爲執執爲天德黃道次神河魁爲破破爲白虎黑道次神
徵明爲危危爲玉堂黃道次神神后爲成成爲天牢黑道
次神大吉爲收收爲元武黑道次神公正爲開開爲司命
黃道次神太衝爲閉閉爲勾陳黑道次神
凡避死難從開星不吉春三月房爲開夏三月張爲開秋三
月婁爲開冬三月壁爲開

推亭亭白姦法

常以月將加時辰神后下爲亭亭所 在次析 十二月時其
寅申巳亥神后白姦所在神后時白姦在寅常行四孟亭

亭常以白姦囚于巳亥格于寅申○此條有脫誤

出師安營　一名眞人玉女反閉局

經曰諸有疋宿安營四直頓兵深入敵境恐有掩襲乃作眞人閉六戊法逃難隱死作玉女反閉局法于凶萬惡莫之敢干故人精微去道不違故能洞幽闡神非眞人逢時必不能行也

閉六戊法

先置營訖于某旬上以刀從鬼門行起左旋畫地一周次取其中央之土一斗置六戊上六戊者天罡神也刀訖置取土之處埋之咒曰　太山之陽恒山之陰盜賊不起虎狼不傷城郭不完閉以金關千凶萬惡莫之敢犯便于營中

宿若令出入。句有誤驗之法取犢母在營中犢子安營外犢子終不敢入營中甲子旬戊在辰餘倣此

玉女閉局法

以刀畫地常以六爲數室中六尺庭中六步野外六十步手持六算算長一尺二寸假令甲日從甲上入乙日從乙上入戊日從東西南北入入局竟從今日日辰起

假令子日即以第一算置子上第二算加丑上第三算加寅上第四算加卯上第五算加辰上第六算加巳上下六時亦依次去便呼云鼠行失竄入市。此有脫誤景祐遁甲符應經作鼠行出穴入狗市便逐移。疑子上算置戌上度算訖大呼云青龍下次移丑上算置卯上云牛入兔塗食時草。符應經作牛入兔園食甘草度訖

就便呼云朱雀下次移寅上算置巳上云猛虎跳蕩來到（○符應經云猛虎咆咆來入巳）度算（○似脫訛字）便呼云勾陳下次移卯上算置丑上云兔入牛欄伏不起便大呼云白虎下次移辰上算置午上云龍入馬廐因留止度訖便呼云元武下次移已上算置申上呼云螣蛇宛轉來（○似脫二字符應經云螣蛇宛轉來申裡）度訖便呼云六合下兩算夾一算先成為天門後成為地戶避難出天門入地戶乘玉女上去吉仍呼玉女所在之庚上玉女來護我（○之疑云符應經作若庚上便庚上玉女來護我）無令百鬼中傷我敵人不見我以為束薪（○符應經句上有見我者三字束原譌米據符應經改）獨開天門（○原本獨譌狗據符應經改）而閉地戶呪曾交乎（○句有誤曾疑畢）以算閉門而去勿反顧以刀畫地即地脈不復得見（○句不可解似）

有譌脫

神機制敵太白陰經卷九終

神機制敵太白陰經卷十

雜式

元女式

元女式者一名六壬式元女所造主北方萬物之始因六甲之壬故曰六壬六甲之上運斗柄設十二月之合神爲十二將間置十干次列二十八宿三十六禽以月將加正時課日辰用爲天乙所理十二神將以斷吉凶成敗

推月將法　以十二月合神爲月將

登明正月將加在亥水神河魁二月將加在戌土神從魁三月將加在酉金神傳送四月將加在申金神小吉五月將加在未土神勝光六月將加在午火神天乙七月將加在

巳火神天罡八月將加在辰土神太冲九月將加在卯木

神功曹十月將加在寅木神大吉十一月將加在丑土神

神后十二月將加在子水神

推四維法

乾天門坤人門巽地戶艮鬼路

推三十六禽法○諸禽頗有譌缺五行大義所述諸說紛紛無從是正又無別本可考姑仍原本

東方貍虎豹兎狢蛟龍魚蝦　南方蚓蛇狙鹿獐雁羊鶩[redacted]

西方猿犹猴烏雞犬豕豺狼　北方熊猪羆燕鼠蝠蟹牛鼈

推四課法

常以月將加正時視干日支辰陰陽以爲四課干日上神爲

日之陽支日上神本位所得之神爲日之陰支支辰上神

爲辰之陽支辰上神本位所得之神爲辰之陰支謂之四課四課之中察其五行取相克者爲用四課陰陽先以下賊上爲用若無下賊上以上克下爲用若三上克下一下賊上還以下賊上爲用若四上克下四下賊上與今日比者爲用俱比俱不比涉害深者爲用 涉 害 俱 深 以先干後支爲用四課陰陽皆不相克以遙相克爲用若有干克神神克干先以克干爲用若干克兩神兩神克干以比者爲用俱比俱不比剛用干比柔用支比爲用四課陰陽無上下相克又無遙相克以昴星爲用剛干視酉上所得神爲用柔干伏視從魁所臨神爲用剛日先傳支後傳干柔日先傳干後傳支若 天地返吟伏吟先以相克爲用

若無相克伏吟剛干以干上神爲用柔干以支上神爲用
反吟剛干以干衝柔日以辰衝爲用以刑及衝用爲傳終
八專日四課不相見剛干從干上陽神順數柔干從支上
陰神逆數皆及三神爲用足以定吉凶當知所受用三傳
以考終始善惡所致何先何後變化何從將安所極三傳
之要訣在天官各以神將言其禍福將以併合所加日辰
又以五行論其憂喜欲取諸將以天乙爲首○原本錯亂參彙旆六壬神定經改

推天乙所理法

天乙者貴人也家在丑甲戊之日旦理大吉暮理小吉乙己
之日旦理神后暮理傳送丙丁之日旦理登明暮理從魁
庚辛之日旦理勝光暮理功曹壬癸之日旦理太乙暮理

太冲天乙在東方西方則南方爲前北方爲後在南方北方則東方爲前西方爲後常以星沒爲旦星出爲暮

推十二神將法

用起天乙以將兵大勝闢地千里用起騰蛇以將兵兵數驚駭上下相克天乙前一神也用起朱雀以將兵士卒驚恐妄作口舌天乙前二神也用起六合以將兵戰勝得子女玉帛天乙前三神也用起勾陳以將兵士卒戰亡天乙前四神也用起青龍以將兵大勝天乙前五神也用起天后以將兵不勝自敗天乙後一神也用起太陰以將兵士卒怯弱天乙後二神也用起太常以將兵平平天乙後四神也用起白虎以將兵師亡天乙後五神也用起天空以將

兵士卒死亡爲敵欺詐天乙後六神也天乙理十一將前
盡于五後盡于六

推伏吟返吟法

凡興師動衆勿取伏吟之時必見固守行者不坐坐者不起
返吟時前勝後負諸神自臨其衝曰反吟諸神自臨曰伏吟

推陰陽相覆法

天罡加太歲是陽覆陰也天罡加月建是陰覆陽也陰陽相
覆之時兵必有奸計重陽時執于火爲驚重陰府執于水
爲恐陽覆陰君欲害臣陰覆陽內姦生不利舉百事凶

推神在內外法

斗加孟神在內道路壅塞出軍凶斗加季神在外出師吉斗

加仲神在門或戰勝密謀

推九醜法

乙戊己辛壬之日爲子午卯酉之神(辰○疑)合五得四交合爲九醜主敗軍殺將醜惡之日故曰九醜己卯辛卯戊午戊子壬子壬午乙酉辛酉己酉是也

推兵讐法

仰見其兵暮見其辰俯見其讐下賊上比時軍兵殺將死亡

推行軍本命法

軍出日時天罡不欲臨將軍本命及行年大凶螣蛇白虎小凶天乙青龍六合太常臨小吉歲月殺所臨之方不可往

推天門地戶法

以天二門太衝從魁覆地四戶除定危開從下而出萬夫莫當〇二疑當作三從魁下疑脫小吉二字

推五帝法

春三月五帝任東出軍先鋒出城西門立營牙門向東常以青旗居前赤旗次之次引白旗次引黑旗四時倣此不向旺方也

推國君自將法

置營訖國君居北斗四星之下徵明是也前將軍居太微下勝光是也後將軍居華蓋下神后是也左將軍居天府下太衝是也右將軍居文昌下從魁是也旗鼓居逢星下六乙是也假衆居明堂下六丙是也軍門居天門下六戊是

也小將居地戶下六己是也斬殺居天獄下六庚是也判事居天庭下六辛是也囚禁居天牢下六壬是也軍器居天藏下六癸是也順旬依法不可妄舉起甲盡癸則復旋改

推神位諸煞例

假令甲子旬子爲青龍丑爲蓬星寅爲明堂卯爲太陽辰爲天門巳爲地戶午爲天獄未爲天庭申爲天牢酉爲天藏終十辰至甲戌爲青龍餘倣此

推玉帳法

出軍行陣深入敵國止宿營壘休舍憩息大將軍居太乙玉帳下吉攻之不得以功曹加月建前五辰是也

察情勝敗篇

武侯曰田螺占兵之法其來甚遠龜易卦占雖有正爻學者不精吉凶難准○二字據陰陽經補 昔遊蠻谷用田螺占之閒試之頗有靈驗見兵書此乃古法也取田螺時須自淨其身勿令女人見之即有靈驗

其法以甲乙日用温湯向東灌之向夜取一大盤盤中畫一直墨界一邊為己一邊為敵注水一二升于盤內取二螺咒曰田螺索索風雨不作敵若不來各守城郭又咒曰田螺舞舞知風知雨敵若來迫入我城土咒訖明旦視之若己入敵則己勝敵入己則敵勝

右準前法置田螺于盤內明旦視其頭之所向定其緩急凡

甲乙日頭向南三日至向西七日至向北不來向東不戰
丙丁日頭向南九日至向西七日至向北即至交戰主勝
向東不來　戊己日頭向南西北皆不來向東三日至
庚辛日頭向西與敵和向北無事向東敵來自敗向南九
日至　壬癸日頭向北吉向東三日至向南敵來自敗向
西不來
若春向東大勝向南小勝向西大敗向北平安
夏向南大勝向西小勝向北大敗向東小勝
秋向西大勝向北小勝向東大勝向南大敗
冬向北大勝向東自敗向南大勝向西自敗

推賊虛實法

常以月將加閻賊時天罡加四孟吉虛加四仲來在道天罡加四季即至欲知賊來否以月將加閻賊時遊都加日辰賊即至臨前一辰一日至二辰二日至四辰以上過去不來遊都旺相克日辰凶

推天地耳法

欲知賊消息往天耳聽之大吉小吉是也欲聽人之密謀隱事往地耳聽之太衝從魁是也

推賊兵數法

以月將加正時日上辰見天罡河魁五百五千五萬人見徵明太乙四百四千四萬人見神后勝光六百六千六萬人見大吉小吉八百八千八萬人見功曹傳送九百九千九

萬人見太衝從魁十百十千十萬人見其神旺氣十倍相氣五倍死氣減半

推迷路法

道路三叉不知何路可通以月將加時天罡加孟左道通天罡加仲中道通天罡加季右道通

推伏匿法

逃亡隱匿以月將加正時望奸下可藏萬人神后是也河龍下可隱千人太衝是也陰精下可藏百人從魁是也

推三河九江法

三河九江天道獨通太冲爲三河從魁爲九江欲行間諜爲不可知事視江河除定危開之道又前三後三并者可獨

通出入其下人無知者

推三陣法

甲子旬陣形象畢幟曰孔琳臨前左將青衣赤頭右將白衣赤頭從西入以臨子甲戌旬軍形象井幟曰陵城臨前左將黑衣赤頭右將黃衣赤頭從未入以臨戌甲申旬兵形象翼幟曰梁邱叔前左將黃衣赤頭右將朱衣赤頭從巳入以臨申甲午旬兵形象尾幟曰費陽多前左將白衣赤頭右將青衣赤頭從卯入以臨午甲辰旬兵形象斗幟曰許咸池前左將青衣赤頭右將黃衣赤頭從丑上入以臨辰甲寅旬兵形象虛幟曰王屈奇前左將赤衣赤頭右將黑衣赤頭從亥入以臨辰

推陰陽兵法

陽兵者以陽時出天門入地戸過太陰短行出九地六癸順入九地上升九天六甲百戰百勝

陰兵者以陰時從九天踐明堂出天門入地戸左行右迴歷太陰分兵爲奇逆入太陰中楊[redacted]以採戰○疑作揚兵以出戰

推雌雄法

用起戰雄吉春寅夏巳秋申冬亥用起戰雌凶春申夏亥秋寅冬巳今日之辰起其後二攻其前四子日後二戌前四辰是也復以大吉徵明神后天罡四神爲雄小吉天罡勝光三神爲雌戰陣背雌向雄百戰百勝不得令青抵白黑抵黃金迎火陰就陽子攻母迷天道戰必敗不欲向勝日辰

也攻其類衆還受其屈攻其所勝大吉勿使衰對相死當
旺故曰通三天勝可全順斗行一也攻其勝二也後三攻
前四三也

推北斗戰法

左八八月攻左右二三月攻右是戰法也

推伏兵法

太冲神后傳送太乙臨日辰必有伏兵此神旺與殺併伏兵
發大凶不與煞併伏兵不敢發
又曰以間事時斗加季有伏兵干傷支有伏兵在前支傷
干無伏兵干支俱傷為用神有伏兵戰內

推突圍法

傷不傷視陰陽日辰上賊爲傷又惡得將爲重傷則凶不傷
無咎又用起陰傳出陽者可出必免難
又曰被圍時神在內可守神在門相傷神在外可出
又曰或在家或在野被圍四匝者當從青龍下去加旺時
天罡是也所謂八極俱張剌如鋒鋩乘龍而出兵不敢當

推水軍法

兵衆行船將涉江海必有傾覆之患丙子癸未癸丑法爲江
河龍○疑當有脫誤此日濟必溺
又曰天河臨地井舟必覆壬癸小吉下得路爲天河○疑當云壬癸子爲天河卯酉辰爲地井

推迷惑法

月將加正時若天罡若小吉下得路山林野澤烟霧昏蒙忽迷四方以式投地出傳送下自然開悟出天罡下百步得道若三百步得及路出小吉下八十步得道以天罡加地戶頭戴式行則不迷加正時出小吉下三百步得天井太冲下得水出大吉下得糧凡支吉利涉陸路在前不知通者正時加孟左道通加仲中道通加季右道通

主客向背篇

經曰衆兵大同則先舉者爲主後舉者爲客陳兵原野則先舉者爲客後舉者爲主

又曰天五音爲客地五音爲主五音宮商角徵羽也

又曰辰爲客時下爲主辰行爲客位止爲主先動先聲爲

客後動後聲為主高旗為客卑旗為主兩人相見外來為客內坐為主兩人相見立為客坐為主兩人等先舉事為客後舉事為主人有氣者勝無氣者敗客利四季月日時欲得制日干克支主人利四孟月日時欲得伐日支克干客利

推向背法

旌旗五色者軍之五德也輝映衆心宣威兵目青旗舉一鼓則行二鼓則趍三鼓則集受制也舉黃旗一擊令則止二擊令則列三擊則聽受命也陽時舉赤旗揚威儀而始之甲乙丙丁戊也陰時舉黑旗伏威儀而終之己庚辛壬癸也旛旗各隨方色而行甲子甲申甲辰三旬弧矢在前甲

寅甲午甲戌三旬刀盾在前春以長矛在前夏以戈戟在前秋以弓弩在前冬以刀盾在前

推二十八宿騎戰法

以二十八人象二十八宿爲先鋒軍壓敵

角人赤旗青衣青馬東方七人

羽人青旗黑衣黑馬北方七人

宫人白旗黃衣黃馬中央七人

徵人黃旗赤衣赤馬南方七人

商人黑旗白衣白馬西方七人

右以二十八人早近敵陣大呼若鬪桴鼓擊柝之音我以商人爲前將兵象白虎也陣見火光以羽人爲前將兵象

元武也陣聞金石兵刃之聲以徵人爲前將兵象朱雀也

陣鬪士人呼號者以宮人爲前將兵象勾陳也陣內寂無

聲者以角人爲前將兵象青龍也是爲五行厭勝之法

推五行陣法

木直陣以金方陣應之金方陣以火銳陣應之火銳陣以水

曲陣應之水曲陣以土圜陣應之土圜陣以木直陣應之

推當敵人法

背太歲當萬人大將軍當五千人太陰月建天魁三元五符

各當五千人天乙遊都五百人歲德月德日德王方旬之

內生氣歲星豹尾歲建並可背不可向也

推神煞門戶篇

凡戰陣之法須避神煞兼明天門地戸克勝制敵實在于此也

推大將軍法

孟歲以○原衍從魁罡三字今刪勝光午仲歲以小吉未季歲以傳送申加歲支天罡辰下是也

推豹尾法

天罡加太歲支功曹寅勝光午河魁戌有臨季者其下卽是豹尾其中是爲黃旛

推太陰法

常以功曹寅加歲支神后子下是已

推歲建破法

陽歲以大吉陰歲以小吉加太歲支魁下爲建罡下爲破陰

陽殺用

推歲星法

天罡加歲支亥上所見本位辰是也

推歲支干德法

從魁加歲辰功曹是己支德甲戌戊寅壬德自處乙丁己辛癸任魁鄉也 ○此文有誤當云甲丙戊庚壬德自處乙丁巳辛癸在所合也

推歲殺法

天罡加歲支太乙巳從魁卯大吉丑有臨季者其下即是歲殺申子辰刼煞在巳災殺在午天殺在未他倣此

推孤虛大煞天狗法

登明加歲支天魁下爲孤太冲天罡下爲虗匈下日同大煞春午夏未秋酉冬子一名天地轉殺天狗孟歲巳仲歲酉季歲丑　天時天罡加月建也○此文有脫誤

推天道黃道法

天道寅午戌月寅戌南方行午酉北方行亥卯未月亥未東方行卯酉南方行申子辰月申辰北方行子東南方行巳酉丑月巳酉西方行酉東北方行

推天耳天目法

春氐星乙下夏柳星丁下秋胃星辛下冬女星癸下是爲天目也春箕星寅夏軫星巳秋參星申冬壁星亥是爲天耳也

推遊都虜都月合法

遊都爲都將甲己日大吉乙庚日神后丙辛日功曹丁壬日大乙戊癸日傳送虜都爲天賊甲己日天罡乙庚日勝光丙辛日登明丁壬日傳送戊癸日功曹月合常以月合神上爲月朔之始順數之盡末日也

推三元法

上元甲子日起五宮中元甲子日起二宮下元甲子日起八宮各以順日求之周而復始時同日法夏至後行反此

推亭亭白姦法

常以月將加正時神后下爲亭亭寅午戌上見孟春五本位上是白姦○春五二字有誤

推生死神法

常以功曹加月建神后下爲生神勝光下爲死神

推六害法

辰卯相害寅巳相害丑午相害子未相害申亥相害酉戌相害

推天門地戸法

子丑日天門在丙地戸在丁寅卯日天門在庚地戸在丁辰巳日天門在庚地戸在壬午未日天門在壬地戸在辛申酉戌亥日天門在甲地戸在癸

龜卜篇

河出圖洛出書聖人則之則靈龜負圖自河而出也是龜龍麟鳳四靈龜居其一託夢於元王何其賢也不避豫且之

禍何其愚也生既不能全身避害死亦安能灼骨而知吉凶古人所以設此法者謂兵為凶器戰為危事聖人得之以與凡夫得之以廢不可輕舉矣愚人不自謂其愚皆自謂其智故立卜法假于陰陽亦藏愚人之心非為智也太公曰蓍朽草也龜枯骨也安知聖人之智慮哉是知神亦不能自智聖亦不能自智賛聖人之事者其猶砥礪乎凡龜有五色隨其旺相而用之一龜之內有六腑左右翼君王用上尺有二寸大夫用中庶人用下後左足為春前左足為夏前右足為秋後右足為冬四季用中腑

經曰何知我神骨白如銀何知我聖千里路正又曰其骨須白其色須鮮其皮如蠟其界如法

龜有五兆以定吉凶一兆之中爲五段可以彰往察來內高爲金外高爲火五曲爲木正直爲土頭垂爲水水無正形因金爲名常以晴霧爲水一兆之中從頭分爲五鄉頭爲甲乙次爲丙丁次爲戊已次爲庚辛次爲壬癸常以頭微高爲上兆正橫爲中兆春夏以內爲頭秋冬以外爲頭

假令木兆甲乙鄉爲本宮丙丁鄉爲子孫戊已鄉爲妻財庚辛鄉爲官鬼壬癸鄉爲父母但以此鄉斷吉凶及支入兆

假令木兆金支是官鬼木支是兄弟土支是妻財火支是子孫水支是父母看支入鄉以斷吉凶成敗我往攻彼則彼爲主兆欲頭伏足落及格橫身內摧折暗霧昏黵震動猖狂文不食墨火天穿者破軍殺將彼來攻我兆欲頭仰

足舉彼支援助身內有力食墨鮮明肥濃安穩兆吉言吉
兆凶言凶萬端吉凶一看兆身往往有驗無假日辰夫有
動不如無動有支不如無支有支則被支吉格支凶故兆
連新起動由人新兆連故起動無路　挺頭足所作不成
頭足銜芒所求無累君子動頭天下同憂小人動足天下
馳逐兆身過度日向衰微兆不出日勢將微滅凡占賊被
支有外救格支有外敵若吾擊敵兆旺相洪潤軒昂有力
重偃仰吉枯槁伏落霧悴驚摧分伏足落兆細而暗凶凡
卜以支及動鄉賊數日月遠近甲數生數三成數八旺相
依數休廢減半
凡卜兆為我為客支旺克兆客勝支囚為兆所克客敗支洪

潤賊强支枯槁賊弱

乁飛鳥出林兆出軍行師吉安營入師凶

厂飛鳥入林兆安營築城吉行師凶

工鷲僚兆有賊奄至防閑城堡吉

爪走鹿兆有賊至主奔走之事

一土兆大横安城堡祉吉

八棲鳳兆自守吉

𠙶需兆安城壘吉

川天兆城壘襲人吉

山岡營壘

山有岡營地有形勢斷其形則氣勢滅故秦築長城塹其山

岡之氣而咸陽邱墟隋疏汴河斷平土地之脈而江都荆棘成周卜遷伊洛得瀍澗之利而王年八百吳晉奄宅建業得江山之勢而延期數葉夫建都邑築城壘必擇形勢雖成敗在人不在于城地然地形山勢足以爲人之助也故曰趙之地坦然平吳楚之地東南傾秦韓之地龍虎形幽魏之地無邱陵夫趙無阨險山岡溝澗故曰坦然平吳楚之有江海波潮故曰東南傾秦韓被山帶河岡巒重複故曰龍虎形秦得龍虎之形而東吞趙魏南併荆楚夫建都邑列營壘非地勢不王非山岡不固營壘之法欲北據連山南憑高岡左右襟帶地水東流乾上伏下過子艮寅卯重岡入巽

又曰戌連申酉坤未高前有迎山抱且朝或驚或躍或蟠龍藏車隱馬若飛鴻支條散脈如蛇走氣車森聳似雞籠四維皆起四仲平巽水迤邐出自庚天門倚伏歷壬癸直出地戶東南傾南有汙池爲朱雀北有堆阜爲元武東有叢林爲青龍西有大道爲白虎四獸旣具八卦乃列乃立表測影以定子午之位與土工先本戊上起版築從中步至門夫草木不生不可居鳥獸不集不可居燋石沙礫不可居河水逆流不可居朱雀無頭元武折足白虎銜尸青龍悲哭強居之者兵敗將死

山形兩隴

山若蟠龍玉案數重宛轉邪曲首尾相從山若鳳皇翅翼開

張羣隊千萬帶隴扶岡前有印綬後有回翔山若飛龍首尾違同或驚或躍乍橫乍縱臺傾池潤舞鶴翔鴻山若臥狗頭拳尾就腹內乳見項連山首山若麒麟乍立乍蹲羣從千萬朝者數人山若長蛇或曲或邪後岡前谷隱馬藏車凡此皆營壘之形勢也

神機制敵太白陰經卷十終

太白陰經跋

昭文張氏刻太白陰經十卷跋稱從影宋抄本錄出較四庫全書本多二卷與唐宋藝文志合首有李筌自序序後有內侍高班品趙承信等列銜五行與錢遵王讀書敏求記所稱本合惟少御書祗候臣錢承顥勘一行或傳寫失去壬辰夏偶得舊抄本六卷以之互校卷三將軍篇張刻僅存其目卷五搜山燒草前李後殿賞鼓屯田人糧馬料軍資宴設音樂等七篇則并其目而佚之其卷六陣圖竟有大不類者更以通典所引太白陰經校之合於舊抄者十之七八合於張刻者十之一二張刻多以意改竄證以舊抄本痕迹宛然然則所謂影宋云云者猶在真贋之間也惜舊抄闕末四卷

無從校補今定前六卷主舊抄本七八卷主文瀾閣本仍參合異同於下惟九十兩卷則仍依張刻付梓云庚子長夏金山錢熙祚識

國家圖書館出版品預行編目資料

太白陰經／（唐）李筌著；李浴日選輯. -- 初版. -- 新北市：華夏出版有限公司, 2022.03
面； 公分. -- (中國兵學大系；05)
ISBN 978-986-0799-39-2(平裝)
1.兵法 2.中國

592.0957 110014350

中國兵學大系 005
太白陰經

著　作　（唐）李筌
選　輯　李浴日
印　刷　百通科技股份有限公司
電話：02-86926066 傳真：02-86926016
出　版　華夏出版有限公司
220 新北市板橋區縣民大道 3 段 93 巷 30 弄 25 號 1 樓
電話：02-32343788 傳真：02-22234544
E-mail： pftwsdom@ms7.hinet.net
總 經 銷　貿騰發賣股份有限公司
新北市 235 中和區立德街 136 號 6 樓
電話：02-82275988 傳真：02-82275989
網址：www.namode.com
版　次　2022 年 3 月初版一刷
特　價　新臺幣 500 元 (缺頁或破損的書，請寄回更換)

ISBN-13：978-986-0799-39-2